人格心理研究丛书

Series on
Personality Psychology

主编　郭永玉

认知风格与生活

李 琼　黄 端 著

上海教育出版社
SHANGHAI EDUCATIONAL
PUBLISHING HOUSE

总　序

《人格心理学：人性及其差异的研究》(中国社会科学出版社 2005 年版)一书出版后，我就开始酝酿一个计划，就是以此书的体系为框架，编写一套人格研究丛书。就是说此书尽管很厚，但就人格心理学这一丰富而宽泛的领域而言，仍然是概略性的。如果将每一章扩展成一本书，就可以讲得更明白而翔实一些。但这个计划从酝酿到现在实现，已经十几年过去了。之所以如此"难产"，原因当然很多，其中最主要的是中青年作者队伍的形成。因为人格心理学虽然在西方是心理学的一个基础性领域，已经有了深厚的积累，但在中国，由于历史的原因，人格心理学一直是一个薄弱的分支。

在那个心理学即使被允许存在的年代，"人格"一词在相当长的时间里也是避免使用的。在普通心理学课程中，有关人格的内容讲的是气质和性格，更奇怪的是，把气质又归结为巴甫洛夫的神经活动类型，把性格归结为对人、对己、对集体、对社会的态度。这些内容与西方的普通心理学或心理学导论课程中的人格章节的内容几乎没有相同之处，是另外一套说辞。总之就是回避"人格"一词。直到现在，我也很难解释这件事，只能笼统地理解为"人格"大概属于"资产阶级的东西，姓资不姓社"。这种情况是"冷战"时代意识形态指导学术的一个很小的例证。20 世纪 80 年代初期，由北京大学周先庚先生组织全国同行协作翻译的克雷奇(David Krech)等人编著的《心理学纲要》(文化教育出版社 1981 年版)，涉及人格和心理健康的部分是没有被译出的，也就是说该书只是个节译本。这种情况直到 80 年代后期才有所改变，周先庚先生主持翻译的希尔加德(E. R. Hilgard)等人编著的《心理学导论》(北京大学出版社

1987 年版),就没有整章缺漏的情况了。

人格心理学在中国被视为一个独立的分支,具体而言就是在心理学专业课程体系中被作为一门课程,要比其他基础性分支晚得多。就教科书而言,高玉祥的《个性心理学》(北京师范大学出版社 1989 年版)和叶奕乾、孔克勤的《个性心理学》(华东师范大学出版社 1993 年版),是将动机和价值观,以及气质、性格和能力(智力)等都归在"个性"概念之下,将西方心理学中有关人格的知识纳入其中,将人格说成个性或者性格,总之是在"苏联心理学"的概念框架下吸收西方的人格心理学知识,但仍然尽量避免使用"人格"一词。

难能可贵的是,同样在那种背景之下,陈仲庚、张雨新的《人格心理学》(辽宁人民出版社 1987 年版)和叶奕乾的《人格心理学》(青海人民出版社 1990 年版)则是采用西方心理学的体系,以各大派别的人格理论为主线。黄希庭的《人格心理学》(台湾东华书局 1998 年版,浙江教育出版社 2002 年版)将这种体系加以整合完善。至此,人格心理学教材在体系和内容上才与国际接轨。而此时,"冷战"早已结束,作为特殊话语体系的所谓"苏联心理学"也早就寿终正寝了。当然,单从学术本身而言,人格心理学是具有社会性和文化性的学科,不同国家、地区乃至学术机构和具体学者都可能有不同的理论或体系,但这与"冷战"背景下形成的美苏两大学术壁垒或阵营是两回事。

进入 21 世纪,人格心理学的教学和研究也发展到更高的水平。在黄希庭等教授的倡导下,2005 年 10 月中国心理学会第九届第一次常务理事会决定成立人格心理学专业委员会。从此,人格心理学的发展进入新的阶段。在教育部颁布的《高等学校本科专业类教学质量国家标准》的心理学部分,人格心理学被规定为心理学类专业的核心知识领域。我有幸作为这些事件的参与者,见证了这一学科发展的若干个里程碑时刻。

尽管如此,整体而言,人格心理学的教学和研究人员一直很少,招收人格研究方向研究生的导师屈指可数。因此,某种意义上,我是在等待愿意并能够承担这套丛书写作任务的中青年学者队伍的形成。直到近五年，时机逐渐成熟了。一批以人格为研究方向的年轻学者成长起来，他们大体在2010年前后五年内获得博士学位并成为教学科研骨干。2015年，我觉得丛书编写的计划可以付诸实施了，于是在上海教育出版社谢冬华先生的积极推动下，丛书写作任务开始落实。

丛书的选题依据基本上是以我在本文开始所言的那本书为蓝本，每一章扩展成一本书。为此，这里简要回顾一下那本书的框架。我当年在自序中说：

> 本书试图较系统地总结人格心理学的主要理论和研究成果，特别是体现这一领域从理论流派的纷争到深入的问题研究这一重大转向。我将主要以1990年代以来的文献为依据，以人格心理学的理论和实证研究成果为基础，整合人格心理学领域的最新研究成果，进而打通各理论派别间的界限，沟通各个研究主题间的联系，将已有的理论和实证研究成果整合到一种新的架构中，使人格心理学的知识体系接近历史与逻辑相统一的标准。

那本书包括六部分：第一部分探讨人格的概念及人格心理学的对象、任务、方法和历史，回顾传统的人格理论。在本丛书中，《人格理论》和《人格研究方法》就属于这一部分。

第二部分探讨人格的形成与发展，分别探讨生物学条件（生理、遗传、进化）和社会文化条件，以及发展历程（年龄阶段）和机制（天性与教养的相互作用）。在本丛书中，包括《人格的生理学维度》《人格的遗传学解释》《进化人格心理学》《人格与社会》《人格与文化》和《人格的毕生发展》。

第三部分是人格的整体功能研究，包括认知、情绪、动机和自我，即信息的获取与处理、情绪的反应与适应、行为的动力与目标，以及自我的统合与完善。在本丛书中，包括《认知风格与生活》《人格与情绪》《动机与目标》《自我调节》和《自我》。

第四部分是人格的具体功能研究，分别探讨潜意识、攻击、利他、人格与健康。在本丛书中，包括《人格与健康》《人格障碍》《人格中的恶》《利他主义》《人格与道德》和《人格与创造》。这部分与那本书的章目不完全对应，其间虽有内容上的重叠交叉，但每本书都围绕一个专题展开，各自有其独立成篇的合理性。

第五部分是人格的群体差异研究，包括性别差异和文化差异这两个最大的群体差异。在本丛书中，包括《性别与人格》和《中国人的人格》。

第六部分是总结性的，探讨人格测评的理论和方法，并在最后一章探讨人格理论中的人性观、人格理论分歧的维度、人格研究的方法论问题，以及人格心理学的未来走向。在本丛书中，有《人格评鉴》。

这里列的书目是迄今为止已经明确任务的，随着工作的进展，可能会有个别变动，有的可能因为各种原因不能如期完成，有的专题这里没有提及，但内容很好又有合适的作者，可能会新加入进来。但这些变动不会改变这个大的框架。定稿后的书名可能有变化，但内容基本就是这些。

人格心理学是一个丰富、有趣又富于挑战性的领域。我们期待这套丛书能够较完整地展现这一学科的面貌，也期待有更多的年轻人进入这一研究行列。当然，也期待着读者坦率地指出丛书编撰中存在的问题甚至错误。

郭永玉

2019 年 2 月

于金陵随心斋

自　　序

《人类简史》一书中曾提到这样一种观点：一开始，同属于“直立人”的智人和尼安德特人之间并没有明显的优劣之分，但智人通过漫长时间的考验，成为现代人；尼安德特人则在残酷的生存竞争中败北，成为历史的尘埃。两者命运之所以如此不同，就是因为智人在认知上产生了某种革命性的进化。从这个观点出发，我们可以认为，思想或认知才是界定现代人的关键所在。强调这一点，可以帮助我们确认何谓人的本质特征减少一些迷惘。例如，最近有一则关于“换头”的新闻让人产生了有关身份的争议。一个人患有先天脊髓性肌肉萎缩症，自小肌肉停止生长，但头脑正常，他想把自己的头移植到健康的身体上。有人问：如果换头成功，那这个人是谁？换句话说，他的新身份是以头为准，还是以身体为准？对于这个问题，我心中就没有半点疑惑：当然是以头为准。笛卡尔说，“我思故我在”，而头脑是思考的器官。头是谁的，整个躯体就应该属于谁。人的行为由自身的思想或认知决定，人类活动生成的种种结果，实际上都源于思想或认知。许多科幻小说或故事中，最神秘的超能力就是控制人的思想的能力或设备。例如，《X战警》中的X教授，他能自如地控制人的认知，想让人干什么，人就会干什么。科幻小说《三体》中则假想了一种可以将特定观念印入人脑的神奇设备——思想钢印，人类战略家用它悄悄地把逃亡观念植入人脑，以保证至少一部分人在三体人入侵时懂得避让，保存人类的火种，而不是为了尊严死战到底，导致人类灭绝。实际上，这些故事设定从另一个角度强调了思想或认知作为人之属性的重要意义。智人和尼安德特人在认知属性上的差别，导致两者最终不同的命运。对现代人而言，不同个体之间在认知属性上也有方方面面的差异，一般体现为各种认知模式上的不同。这些认知模式，就好像被刻在脑中的“思想印记”，一直在潜移默化中左右我们的行为，影响我们的生活。心理学家一般把这种认知模式或“思想印记”称为认知风格(cognitive style)。不同的认知风格会把人们引向不同的生活道路。

认知风格

如上所述，思想或认知是界定现代人的关键所在。认知决定人的行为，也是人格的重要构成部分。虽然在人格心理学领域中，对于“人格是什么”这一问题至今仍然没有达成统一的认识，但几乎每一种答案都有一个必不可少的成分，那就是认知或思想。例如，奥尔波特(Gordon W. Allport)对人格的经典界定：人格是一个人内在的心理生理系统的动力组织，决定个人特有的思想和行为(Allport，1961)。珀文(Lawrence A. Pervin)对人格的定义：人格是为个人的生活提供方向和模式(一致性)的认知、情感和行为的复杂组织(Pervin，1996)。两者的表述和强调的重点大相径庭，但都包含认知或思想这一成分。奥尔波特的表述包含“个人特有的思想”，而珀文的表述包含“为个人的生活提供方向和模式(一致性)的认知”。这两位人格心理学家都把认知与行为并列，似乎把它们看作人格中同等层次的构成。另一些学者也认为，认知是人格的重要构成部分，但认知和行为是不同层面的人格成分。例如，米歇尔(Walter Mischel)等人遍览各种人格定义后发现，当时人们广为接受的几种定义共涉及五个方面：(1) 个人的连续性、稳定性和一致性；(2) 从行为到思想感情的诸多层面；(3) 人格是有组织的；(4) 人格决定个人与社会发生联系的方式；(5) 人格与个人身体和生物特征密切关联(Mischel，Shoda，& Smith，2003)。可见，米歇尔认为，行为和思想在人格结构中处于不同的位置。在中国人格心理学的教科书中，郭永玉曾把人格定义为“人在各种交互作用中形成的内在动力组织和相应行为模式的统一体”，明确“外部人格”与“内部人格”之分，前者为表面可见的行为模式，后者则为行为模式背后的动力系统，包括稳定的动机、习惯性的情感体验方式和思维方式，以及稳定的态度、信念和价值观等(郭永玉，贺金波，2011)。在这种定义中，行为模式属于人格的表层，而习惯性的思维方式、稳定的信念和价值观等人格中的认知成分则属于较深的人格层面，决定表层的行为。“内部人格”中的认知成分在人格心理学中常被称为认知风格。

许多人格特质被明确冠以“认知风格”之名，例如威特金（Herman A. Witkin）曾在《跨文化研究的认知风格路线》一文中明确将场独立—场依存称为认知风格（Witkin，1967）。在他看来，认知风格是“在人类认知活动（如知觉和智力活动）中体现出来的一贯且独特的功能模式”，而场独立—场依存主要反映了个体在知觉认知活动上的模式差异。同样，分析型认知风格也被直接冠以“认知风格”之名，主要反映了个体执行分析推理性思维活动的意愿性或习惯程度（Pennycook et al.，2014b；Bahçekapili & Yilmaz，2017）。以上两种认知风格分别与知觉和理性思维有关，反映了人们在这两种认知活动上的个体差异。这种差异并不是能力上的高低之别，而是习惯和意愿上的不同。还有一些重要的人格特质，虽然并没有被冠以“认知风格”之名，但实际也体现了人们在某种认知活动上的个体差异。例如，自我效能感（Bandura，1977）、气质性乐观（Scheier & Carver，1985）和希望（Snyder et al.，1991）这三种人格特质，都从不同方面反映了人在预期这一认知活动上的个体差异。其中，自我效能感主要反映一个人对自己是否有能力执行某个任务或活动的预期，气质性乐观主要反映一个人对“自己今后会遭遇好结果还是坏结果”的泛化预期，希望主要反映一个人对自己“是否有动力”以及“是否有办法”达成目标的预期。一个人在自我效能感、气质性乐观和希望等特质上的差异，实际上也是认知风格上的差异。从信息加工的角度来看，认知风格还体现为在编码、储存和提取外界信息的过程中表现出的个体差异。例如，在气质性乐观上得分高的人（乐观者）比较偏好关注环境中的积极刺激，头脑中的积极情境更加清晰生动；在气质性乐观上得分低的人（悲观者）则比较偏好关注环境中的消极刺激，头脑中的消极情境更加清晰生动（Karademas et al.，2007；Blackwell et al.，2013）。也就是说，认知活动上的个体差异会在信息加工过程的各个阶段得到体现。因而，这种差异导致不同的人对同一个世界形成了不同的印象，而不同的印象会将人们导向不同的人生选择。

认知风格上的个体差异,会描绘出迥然不同的人生图景。有一位畅销书作家曾提出“90/10法则”,大意是“生活的10%由发生在你身上的事情构成,另外的90%则由你对发生的事情如何作出反应决定”(Covey,2009)。一个人对自己的遭遇如何作出反应,则在很大程度上取决于自己当时的认知。稳定的认知模式会造就一贯的行为方式,而每一次的行为结果在生活中不断累加,就会形成稳定的生活状态。所谓“性格决定命运”,大概就是如此。例如,乐观者和悲观者会显示出截然不同的生活气象。因为前者总觉得会有好事发生在自己身上,感觉生活很有奔头;后者则总是想到会有坏事发生在自己身上,干什么都提不起精神。这种预期上的差异会引发动机和行为上的差异,乐观者积极上进,他们更加坚持不懈,自律且积极地应对生活中的困难;悲观者则消极避世,他们容易放弃,在困难面前消极回避,破罐子破摔。在生活中,这种行为模式上的差异会使得乐观者比悲观者收入更高,身体更好,更加幸福(Carver & Scheier,2014),更不容易得病,甚至更不容易死(Tindle et al.,2009)。不同的认知风格带来不同的生存状态,从这个意义上理解“我思故我在”这句名句,似乎也是成立的。研究认知风格的重要意义也主要体现在这个方面。当然,作为人格特质的一种,作为人格心理学家的研究对象,认知风格本身并没有好坏之分,这是一个事实性而不是评价性的概念。但是,认知风格的个体差异所产生的后效有不同的价值。也就是说,一个人是乐观还是悲观,这是一个事实,但乐观和悲观带来的结果有好坏之分,人们都喜欢与乐观相联系的那些结果(收入高、幸福、死亡率低等),不喜欢与悲观相联系的那些结果(收入低、抑郁、不健康等)。

总而言之,有关认知风格的研究是人格心理学领域的重要内容,它主要解答人类一贯的行为模式背后的认知机制,以及揭示这种机制的个体差异带来的不同生活结果。不同的认知风格可能影响生活的不同方面,也可能影响同一生活领域,但影响的方式大相径庭。如场独立—场依存、气质性乐观都与学习效果有关,但是两者对学习产生影响的机制并不一样：前者通过知觉机制起作用，后者则通过动机机制起作用。了解这类机制，就有可能改变某些不利的结果，促成某些有利的结果。例如，当研究者发现场依存的小学生不适应计算机模拟教学时，就会尝试寻找其中的原因，并据此调整教学过程中的信息呈现方式，使之符合场依存者的知觉习惯，进而改善他们的学习效果（Angeli et al.，2016）。人格心理学家通过实证研究，提供有关认知风格的信息，既有助于个人更加准确地认识自己，指导自己的生活；也有助于各种机构（教育机构、医疗机构以及各种企事业单位等）制定符合个人认知风格的措施，更好地提供服务。

本书架构

本书共介绍七种认知风格，除了上文提到的场独立—场依存、分析型认知风格、自我效能感、气质性乐观、希望之外，还有解释风格（Abramson，Seligman，& Teasdale，1978）和内隐理论（Dweck，Chiu，& Hong，1995）。每一种认知风格都对应一种具体的认知活动：场独立—场依存主要与知觉活动有关，但不限于此；分析型认知风格与推理和思维活动有关；自我效能感、气质性乐观和希望都与预期有关；解释风格与归因有关；内隐理论与某种基本信念或世界观有关。对于每一种认知风格，都会介绍四个方面的内容：概念和理论、测评工具、实证研究、干预和改善。这些内容形成结构完整的知识体系，能够将与各种认知风格相关的经典理论和最新研究进展以系统的方式展示出来。

概念和理论。这一部分主要介绍每种认知风格的基本含义和运行机制（对行为产生影响的工作原理），也是心理学家描述和解释认知风格及相关的个体差异，从而对人的行为进行预测和控制的话语体系。概念回答了某一认知风格“是什么”的问题，理论则回答了这一认知风格“如何运作”的问题。概念和理论的澄清是编制测评工具和开展实证研究的基础。只有在概念上对各种认知风格有清晰的界定，编制测验题目时才有可靠的依据；只有对这种认知风格的运作机制有先验的认识，才能提出研究假设，进而开展实证研究。例如，气质性乐观被界定为“一种对个人未来积极结果的泛化预期”（Scheier & Carver，1985）。根据这一定义和自我调控理论(Carver & Scheier, 1998),研究者就清楚应该用什么样的题目来测量一个人的乐观倾向,而且知道这种认知风格会发挥动机作用,因此有可能对学习、工作以及健康产生影响。接下来,就可以编制测评工具,并利用开发的测评工具开展实证研究,检验之前的设想,从而获得笃定的知识。

测评工具。这一部分主要介绍每种认知风格的测评工具。“工欲善其事,必先利其器”,心理学家编制的测评工具主要是各种问题组合成的问卷或量表,这就是心理学研究之“器”。开发问卷,并保证问卷的质量,是一个系统且烦琐的过程。一份好的问卷,必须具有稳定性(信度),即在不同时间、不同地点对同一个人某种认知风格的评估是一致的;必须准确测量到研究者想要测量的认知风格,而不是别的心理结构(效度),这一点在心理学研究中尤其重要。某种用于测量场独立—场依存认知风格的工具,就被怀疑实际上是一种智力测验。认知风格的测评工具是有品质要求的,为此研究者要付出大量劳动,这使得它们与网上流传的星相学、面相学乃至生辰八字之类的游戏有着本质的不同。每种认知风格的测评工具都会提供详细的介绍,包括部分题目、计分方式,以及分数的解释原则。

实证研究。这一部分主要介绍与各种认知风格有关的实证研究。大体分成两种,一种是相关研究,另一种是实验研究。前者考察认知风格与其他变量之间的关系,后者操纵人的认知活动,观察认知活动的变化对其他变量有何影响。两类研究都是对认知风格与其他变量之间关系的假设进行验证。例如,研究者假设乐观的认知倾向可能会让人不怕疼,他们会让一群人同时填答有关乐观和疼痛耐受性的量表,考察这群人在两个量表上得分的相关系数,如果结果是比较高的正相关,则说明乐观和疼痛耐受性这两种心理现象确实相关。这就是相关研究的做法。或者,研究者会发明A和B两种药丸,服用A药丸会让人乐观,服用B药丸没有任何效应。接着找一批人,将其随机分成两组,一组服用A药丸,另一组服用B药丸。如果A组被试比B组被试能够忍受更高等级的疼痛,则说明乐观的心理状态让人更能忍受疼痛,进而推测,乐观的认知风格能够激发忍受疼痛的心理品质。这是实验研究的做法。通过这些实证研究，研究者既可以揭示各种认知风格产生的结果，也可以探索各种认知风格的影响因素，弄清楚为什么一个人会呈现出这种认知风格。

干预和改善。这一部分主要涉及认知风格的改变问题。一方面，作为一种人格特质，认知风格具有稳定性。正如俗语云，“江山易改，本性难移”。有研究者坚持认为，气质性乐观是人格特质，很难改变(Carver & Scheier, 2014)。另一方面，既然某种认知风格的不良结果可能对个人的生活产生负面影响，那么改善这种状况正是心理学肩负的使命。因此，不少人格心理学家在认知干预和改善方面作出颇多尝试。有研究者曾在实验中观察自我效能感的变化历程，以及这种变化对恐怖症患者的疗效(Bandura, 1977)。还有研究者尝试通过归因疗法来帮助小学生养成抵抗挫折的认知风格(Dweck, 1975)。实际上，即使对于气质性乐观这种难以改变的认知风格，也有研究者尝试改变它(Peters et al., 2010)。

概念和理论、测评工具、实证研究、干预和改善这四部分内容构成各种认知风格领域的完整框架，在这个框架下，研究者对场独立—场依存、分析型认知风格、自我效能感、气质性乐观、希望、解释风格和内隐理论七种认知风格的探索与认识都能得到较为充分的展现。人格心理学的实践旨在帮助人们认识和改善自己，本书的知识体系着重从认知风格的视角提供启示和方法。“我思故我在”，改变“思”之模式，就能改变自己的存在方式。如果人们能够从有关认知风格的知识中获得一点自我认识与改善的感悟，本书的目的就达到了。

目录 Contents

1 场独立—场依存

场独立—场依存(field-independence and field-dependence)研究的先驱之一是美国心理学家威特金(Herman A. Witkin)。这位学者的学术生涯丰富多彩。他在纽约大学度过其学术生涯的奠基阶段,那时他的主要研究课题是心理学和动物行为,1935 年获得学士学位之后一年就又获得硕士学位,并于 1939 年获得博士学位(Berry & Goodenough, 1980)。毕业后,他来到布鲁克林大学,在格式塔心理学家苛勒(Wolfgang Köhler)和韦特海默(Max Wertheimer)的指导和资助下研究知觉,直到 1956 年。之后,他到纽约州立大学医学院医疗中心工作。在这里,他开始涉猎广泛的心理学领域,包括人格理论、社会化、行为遗传学、人际行为和心理病理学等。1971 年,他又转至普林斯顿教育考试服务社工作,担任人格与社会研究课题组主席,直到去世。在这期间,他的研究兴趣主要涉及教育、职业、社会和跨文化心理学。

无论威特金的职业和兴趣如何变化,他的研究主题都集中在自己开创的场独立—场依存的认知风格和心理分化(psychological differentiation)理论上。他把场独立—场依存这一主题引入各个不同的心理学领域,而且特别看重跨文化研究对于理解人类行为的作用,在他的号召下,仅 1966—1975 年,就涌现出 150 个跨文化研究的成果。直到去世,他仍然在主持一个为期 5 年的跨学科研究项目,探索非洲中部雨林地区原住民心理分化的发展状况。威特金留下了丰富的研究成果,是一位颇具影响力的心理学家。2002年,《普通心理学评论》(*Review of General Psychology*)上刊登了一篇名为"20世纪百名杰出心理学家"的调查报告,威特金排在第96位(Haggblooom et al., 2002)。

1.1 场独立—场依存的认知风格

你玩过"开心消消乐"或"找不同"之类的游戏吗?前者要在满屏的图案中找到满足或接近满足"消失"条件的对象,然后点击适当的位置让它们消失;后者要在两张非常相似的图形中找到它们细节上的差异(见图1-1)。这都要求人们能够在背景中快速地找出特定的对象,即拥有把整体自如地分解成部分加以识别的能力。威特金及其同事认为,人们在这种能力上的差异是一种认知风格差异,实际上属于人格的范畴(Witkin et al., 1954)。他们把这种认知风格叫作场独立—场依存,并将其定义为"个体知觉刺激领域的构成部分时,能将其从背景中分离出来加以识别(而不是任其隐藏在背景中而无法识别)的程度,或者对刺激领域构成部分的知觉受到整个刺激领域影响的程度,或者个体以解析的方式进行知觉的程度"(Witkin et al., 1977)。简单说来,场依存—场独立是一个双极结构,它的一极是场依存(field-dependence),另一极是场独立(field-independence),大部分人处在两极之间。所谓的"场",实际上是指个体当时知觉的整个刺激领域。场依存体现为一种笼统的知觉模式,表现为对整个背景的依赖和固着,即倾向于将整个刺激领域作为一个完整的对象来知觉,如果需要知觉构成整体的某个部分,则会受到整个刺激领域的干扰而很难自如地知觉,就像这些构成部分在整个刺激领域的背景中隐藏了起来。有这种知觉倾向的人很可能不喜欢上面两种游戏,因为他们很难从中找到成就感。场独立则是一种解构型的知觉模式,特点是能比较容易地克服整体背景的影响而清晰地知觉出刺激领域中的各个部分，或者把一堆杂乱无章的知觉对象组织成一个整体。既能在知觉中把整体分解为部分，又能自如地将各个部分组合起来，这是一种非常灵活的知觉模式。有这种知觉倾向的人就很擅长玩“开心消消乐”或“找不同”之类的游戏。

图 1－1　你能找出这两张图片中的不同之处吗

表面上看，个体在场独立—场依存认知风格上的差异只是一种知觉模式上的差异，但威特金及其同事认为，这种差异不仅与知觉有关，而且人类许多心理功能都有与它相似的形式。场独立—场依存认知风格以认知的形式来展现个体更深层次的功能模式，而这种更深层次的功能模式称为心理分化（psychological differentiation）（Witkin & Berry, 1975）。也就是说，人的心理发展实际上是一个分化程度逐渐提高的过程。幼儿的心理分化程度低于青少年，青少年的心理分化程度低于成年人，而不同境遇的成年人最终达到的心理分化程度也各不相同。心理分化的程度差异会体现在知觉、身体自我体验、自我身份感和防御机制等各种心理功能上。

在知觉领域，心理分化程度高意味着个体的知觉清晰，能够从完整的结构中解析出特定的组成单元加以识别（如“找不同”游戏中对图画细节部分的辨别），将没有明显内在联系的知觉对象整合到某种结构中（如“开心消消乐”游戏中将杂乱的各种对象整合到满足消失条件的模式中)。能自如地在整体和部分之间切换,说明这种形式的知觉过程几乎不会受到背景的干扰,因而冠以“场独立”的名称。心理分化程度低则意味着笼统的知觉模式,难以从整体中发现指定的部分,不容易将离散的各个部分整合到整体中,总是受限于整体结构,因而冠以“场依存”的名称。

心理分化程度还体现在与自我有关的经验上,比如身体自我体验和自我身份感。心理分化程度高意味着这些体验清晰、灵活,心理分化程度低则意味着对自我身体和身份的感知是混沌的。刚出生的婴儿难以区分自身和周围环境的刺激,它们会被自己发出的异常声音(如打嗝)吓到,随着心理分化程度的提高,才慢慢有了自身与周围环境的边界感,进而开始体验到身体各个部位之间虽然相互关联,但也有边界。就这样,个体对自己身体的体验就由早期的笼统体验逐渐发展成具有明确边界,各种功能有机结合的清晰感受。心理分化程度的提高还表现为对自己的需要、情绪和各种心理特征有清晰的认识,知道哪些是自己的,与别人不一样,逐渐产生明确而独立的自我身份感。比如,幼儿园的孩子还不清楚自己的爱好和他人的爱好的区别,给他人送礼物都以自己的喜好为标准,随着年岁渐长,他们才慢慢认识到自己喜欢的东西他人未必喜欢,送礼物时会先了解他人的喜好。

心理分化程度高的人一般采用理智化和隔离的方式来引导自身冲动,消耗过剩的能量。这两种方法都只将心理内容中会引起不适的部分从意识中抹去,保留其他内容。如看恐怖电影时,有的观众会通过认真分析导演的拍摄技法来忘掉恐惧,将情绪和思维区分开来,这就是理智化的防御机制。恋人们为了减轻肉麻的感觉,不说“我爱你”,而是用英文“I love you”来代替。我们一般不说亡者“死掉”,而说“故去”,这种能将观念和体验区分开的方式,就是隔离的防御机制。心理分化程度低的人则多采用压抑和否认的防御机制,这两种防御机制都不加区分地无视外界刺激和过去经验,把所有相关内容都从意识中抹去。压抑是最基本的防御机制，就是简单、直接地将具有威胁性的经验从意识中排除，压制到潜意识中。遭遇十分惊恐的事件（如火灾、地震、战争等）之后，有人会把相关经历完全忘掉，仿佛“失忆”一般，这就是压抑的表现。否认则通过扭曲自己的真实情感和体验，或者把不愉快的事件当作完全没发生来逃避痛苦。如小孩子看见危险来临，会吓得把眼睛闭上，就好像鸵鸟看见天敌来临，把头埋进沙土里来躲避，这就是否认的防御机制。压抑和否认原始而简单，并不是成熟而有效的心理应对方式。

表 1－1 心理分化程度的不同表现

心理分化程度	高	低
知觉	场独立	场依存
身体自我体验	边界清晰	边界模糊
自我身份感	清晰	模糊
防御机制	理智化、隔离	压抑、否认

1.2 场独立—场依存的评估方法

在威特金的理论体系中，心理分化程度高是个体心理成熟的标志。他们还认为，各种心理功能的成熟是同步的，也就是说各种机能的分化是一致的（Witkin & Berry, 1975）。因此，一个有着清晰的认知风格（场独立）的人，也具有明确的身体概念和独立的身份意识，当然也有更加健康、有效的心理防御机制（理智化、隔离）。因此，知道一个人在某种心理功能上的分化程度，自然就可以推论这个人在其他心理领域的分化程度。一般而言，评估一个人在场独立—场依存认知风格上的偏向，是了解其心理分化程度的一个切入点。心理学家如何确定一个人在场独立—场依存维度上的位置呢？一般有三种典型的方式：棒框测验（Rod and Frame Test, RFT）、身体调整测验（Body Adjustment Test）、镶嵌图形测验(Embedded Figure Test)及其变式。

棒框测验。基本工具是棒框仪,它可以在一个暗视场背景下,提供一个亮度均匀的框和棒,棒在框的内部,两者都可以单独作顺时针或逆时针调节。测验时,主试先调节框和棒,使它们保持一定的倾斜度,当然这一过程不能让被试看到。然后要求被试调节棒,使其与地面垂直。结果发现,有些人调整后,棒垂直于框的底边;有些人调整后,棒按要求与地面垂直。研究者认为,这种结果上的差异就反映了个体在场独立—场依存认知风格上的差异。不同认知风格的被试在判断物体是否垂直时会依赖不同的线索,偏向场独立的人主要依赖内在线索(动觉与平衡觉,即身体受地心引力的线索)进行判断,因此能不受框的干扰而将棒调整到与地面垂直;偏向场依存的人则主要依赖外部线索(外部环境中的线索,如周围的方框)进行判断,他们不能无视框的存在,判断是否垂直时就免不了被框的方向引导(Oltman, 1968)。

身体调整测验。与棒框测验的原理差不多,只不过身体调整测验不是要把棒调整到与地面垂直,而是要求被试把自己调整到与地面垂直(Witkin, Goodenough, & Karp, 1967)。具体做法是,请被试坐在一间小型斜屋内,要求他把身体调正(垂直)。偏向场依存的人往往把身体调整到与斜屋一致的方向(大约倾斜 35 度),说明在确定身体位置时,他们主要以自身所处的外部环境为参照,依存于场;偏向场独立的人则不受斜屋的影响,更多地依靠自身内部的经验,独立于场,因此他们能把身体调整到基本垂直于地面。

镶嵌图形测验。在评估场独立—场依存认知风格的各种测验中,镶嵌图形测验的应用最为广泛。具体做法是,先给被试看一个简单的几何图形,然后要求他在一个复杂的图形中找出这个简单的图形。简单的图形嵌套在复杂的图形中。有些人能够快速突破复杂的图形的干扰和束缚,找出先前看过的简单的图形。但对另一些人而言,简单的图形似乎“融化”在复杂的图形中,他们要花很长时间才能把它给找出来。镶嵌图形测验有好几个版本，包括儿童镶嵌图形测验(Karp & Konstadt, 1971)和隐蔽图形测验(Ekstrom, French, Harman, & Dermen, 1976)。儿童镶嵌图形测验有38个题目，分成两个部分，每个部分有19个题目。测验的第一部分要求儿童在19个复杂的图形中找出等边三角形，测验的第二部分则要求儿童在另外19个复杂的图形中找出一个很像房子的简单的几何图形。做对1题得1分，做错1题得0分。每个部分的前5个题目都是练习题，不计分，因此这个测验得分的范围是0～28分。对每个孩子单独施测，每题计时30秒，因此测验的总时长是19分钟。卡普等人(Karp & Konstadt, 1971)研究发现，该测验的克龙巴赫α系数为0.87。隐蔽图形测验也是镶嵌图形测验的一种变式，它一共有32个题目，既可用于团体测试，又可用于个人测试。32个题目被分成两个部分，每个部分16个题目；完成每个部分的时间最多为12分钟。每个题目会提供5个简单的图形，让被试判断其中的哪个图形镶嵌于某个复杂的图形中，并在复杂的图形中描画出这个简单的图形。隐蔽图形测验的得分可以被看作一个连续变量，也可以根据得分将被试分成两类(场独立者和场依存者)或三类(场独立者、场中立者和场依存者)(Rittschof, 2010)。隐蔽图形测验与镶嵌图形测验之间的相关系数为0.67～0.88(Witkin et al., 1971)。

早期的研究者发现，被试在不同测量工具上的成绩有显著相关，也就是说，棒框测验中受框影响较小的人，在身体调整测验中也不太会被斜屋影响判断，他们在隐蔽图形测验中得分也会较高。一项为期14年的纵向研究发现，场独立—场依存认知风格还具有跨时间的一致性，被评估为偏向场独立的人，多年以后再测时，依然偏向场独立(Faterson & Witkin, 1970; Witkin, Goodenough, & Karp, 1967)。这些证据让研究者相信，场独立—场依存具有跨时间和跨情境的一致性，是一种稳定的人格特质。但是，也有研究者指出，棒框测验和镶嵌图形测验之间的相关太小，两者测量的心理特质其实并不相同(Goodenough, Oltman, &

Cox，1987）。这类争议至今仍然存在。

1.3 心理分化的成因

为什么有些人在成长的过程中能够分化彻底，变成偏向场独立的人，而有些人分化不彻底，变成偏向场依存的人呢？威特金认为，这种差异可能源自社会生活方式的差异（Witkin & Berry，1975）。听起来，社会生活方式是一个很笼统的概念，内容可以涵盖许多重要因素，如父母的抚养方式。有研究者指出，心理分化程度高的孩子，其母亲的心理分化程度也比较高（Corah，1965）。而且，孩子的心理分化程度与异性父母的心理分化程度有关，与同性父母的心理分化程度没有关联。可见，父母在儿童人格形成过程中的作用很明显。但影响儿童的不只是父母，整个社会的生活方式乃至自然环境都在儿童心理分化的进程中发挥着潜移默化的作用。1967年，威特金总结跨文化研究的成果，发现有些文化中的人心理分化程度要低于另一些文化中的人，考察不同文化中的人的生活方式，就能发现影响心理分化程度的关键因素（Witkin，1967）。研究者通过评估不同文化中的人的认知风格，辨别出偏向场独立的民族和偏向场依存的民族，前者包括非洲塞拉利昂的曼迪族（Mende）和北极地区的因纽特人（Inuit），后者包括同属于非洲塞拉利昂的泰姆奈族（Temne）。研究者试图以这三个民族为例说明不同认知风格形成的社会文化和自然环境背景。

泰姆奈族非常崇尚传统，族长具有比较大的权力。母亲在管教孩子的活动中起主导作用，父亲缺位。他们对孩子的管教很严格，为了让孩子听大人的话，会使用体罚的手段。而且，不允许孩子扮演成年人的角色。通俗点讲，就是这里的孩子必须听话，不听话就要挨打，而且要求“孩子就应该有孩子样”，不能随便学大人。可见，泰姆奈族的教养方式鼓励孩子的服从性和依赖性。

曼迪族虽然也属于塞拉利昂，但不那么遵循传统，母亲在抚养孩子的过程中也不像泰姆奈族的母亲那样起主导作用。这里的成年人一般不打孩子（体罚），如果非要惩罚的话，也是用相对平和的方式，比如说暂时剥夺孩子的一些物品或权利。而且，他们很早就让孩子承担一定的生活任务。可见，曼迪族的教养方式相对柔和，对孩子没有过多限制，鼓励他们学习生活技能。因纽特人在抚养方式上似乎与曼迪族有着相同的理念，他们一般也避免体罚孩子，甚至很少用刻薄的言语来斥责孩子，同时给他们很多自由。因纽特人的谋生活动经常是单枪匹马的（打猎和划着独木舟），因此整个社会在抚养孩子和经济活动（主要是打猎）中都强调个人主义。

这三个民族所处的自然环境也有所不同。泰姆奈族和曼迪族所处非洲，自然环境有明确的条理，有多种多样的植被，富于变化。这种环境本身就提供了足够的空间知觉线索，因此生活在这里的人不需要特别高的空间敏感度。因纽特人所处的自然环境则缺乏变化，到处白雪皑皑，比较单调。在这种环境中打猎谋生，因纽特人必须磨炼出单调环境中的空间敏感度，具有挑战性的环境会促进他们空间知觉的分化。因纽特人语言中的空间几何术语非常完善，方便孩子习得精细化的空间感。

通过对上述三个民族生活背景的描述，可以看出，偏向场依存的泰姆奈族生活在比较严厉、强调服从的社会模式中，而偏向场独立的曼迪族和因纽特人则处于相对自由、强调个人能力的社会模式中。生存方式（ecology）也是影响心理分化的一个重要因素（Witkin & Berry，1975）。游猎民族的心理分化程度高，从事农业和畜牧业的定居民族心理分化程度则比较低。而且，一个民族的生存方式也决定了社会压力（social pressure）和社会化（socialization）重心。游猎和采集的谋生方式意味着生活环境不固定，社会结构比较松散，没有普遍遵循的权威，个人受到的约束不多，因此社会压力比较小。此外，游猎和采集的生存方式要求社会成员有较强的个人能力，可以独当一面，这是他们社会化的重心。定居的农业和畜牧业社会则一般有等级森严的社会结构和权威，社会压力相对较大。这种生存方式存在固有的模式，社会成员遵循即可，不太需要探索和创新，因此社会化过程中强调责任和服从。另外，生存方式还会影响人的生理层面，居无定所的游猎民族葡萄糖摄入充足，雄性激素水平较高，进化过程中促进心理分化的基因保留得多；定居的农业社会，其成员葡萄糖摄入偏少，雄性激素水平有所弱化，进化过程中的基因选择并不利于心理分化。

表 1－2 心理分化程度的影响因素

影响因素	心理分化程度高	心理分化程度低
生存方式（ecology）	居无定所的狩猎者和采集者	定居的农业和畜牧业社会
社会压力（social pressure）	社会压力较小，遵循权威	社会压力较大，权威力量较弱
社会化（socialization）重心	独立自主，强调成就	强调服从和责任
生物因素（biological）	葡萄糖摄入充足 雄性激素没有削弱 基因选择偏向心理分化	葡萄糖摄入不足 雄性激素削弱 基因选择背离心理分化
典型例证	因纽特人	泰姆奈族人

有研究者曾对 100 名非裔美国小学生和 100 名南非小学生（都是四至五年级）施测儿童镶嵌图形测验，结果发现，非裔美国小学生偏向场独立，南非小学生则偏向场依存（Engelbrecht & Natzel, 1997）。这个结果在一定程度上说明，社会文化因素在认知风格的发展过程中确实起到一定的塑造作用。

1.4 场独立—场依存：能力还是风格？

威特金将场独立—场依存界定为认知风格（Witkin，1954），但不少研究者在提到它时，会冠以“能力”之称。比方说，有人称场独立—场依存为空间能力（Sternberg，1997），有人称它为知觉能力（Zhang，2004），还有人直接称它为认知能力（Miyake，Witzki，& Emerson，2001）。此外，镶嵌图形测验和棒框测验的得分有高低之分，实际上完成这样的任务需要一定的推理分析能力（Brown，2006），因此有人怀疑这些测量工具评估的其实是智力，而所谓的场独立，实际上是高智力水平的表现。有研究者曾对能力和风格作过以下辨析：能力差异一般代表认知水平的高低，能力高意味着更有效率，更加准确，更能适应环境，可能的话，大家都愿意是高能力者，不愿意是低能力者。风格差异只代表认知方式的不同，没有优劣之分，一种认知风格不一定比另一种认知风格在效率、准确性和适应性上占据优势，因此人们一般不会因为自己属于某种认知风格而自豪或自卑（McKenna，1984）。

场独立—场依存到底是认知能力还是认知风格呢？威特金及其同事认为它属于认知风格，偏向场独立还是偏向场依存只意味着知觉或加工信息的方式不同，没有优劣之分（Witkin & Goodenough，1977）。但也有研究者认为它属于认知能力（McKenna，1984），并提供了充分的理由。麦克纳考察了 30 多项研究，为镶嵌图形测验（包括儿童版和团体版）的成绩与一般智力、空间能力和流体智力之间的关系提供了一个清晰的图景。在这个图景中，镶嵌（或隐蔽）图形测验得分与大部分一般智力测验（斯坦福—比纳智力测验、韦氏智力测验、海蒙—纳尔逊测验、奥蒂斯测验和学术能力评估测验等）得分呈显著相关，但这种相关主要涉及这些智力测验中的非言语（nonverbal）测验，相关系数绝对值为

0.24～0.74，镶嵌图形测验与各个智力测验中的言语（verbal）测验相关不显著。根据这一事实，研究者认为镶嵌图形测验在很大程度上测量的是人的一般智力（McKenna，1984）。

实际上，威特金等人早就发现了这种相关（Witkin et al.，1971），不仅如此，他们还发现镶嵌图形测验的得分与数学成绩和科学成绩呈显著相关，但是如果同时考虑智力这一因素，它们之间的相关就不显著了（Witkin，Moore，Oltman et al.，1977）。尽管如此，他们依然不同意把镶嵌图形测验等同于智力测验。理由是，智力测验中所有分测验的得分并不都与镶嵌图形测验的得分存在实际意义的相关，与镶嵌图形测验得分相关的只是智力测验中的某些特定部分，如积木拼搭（block design）、拼图（object assembly）和图画填充（picture completion）等，这些测验测量的心理内容确实与镶嵌图形测验相似，但它们不能代表一般智力。威特金甚至认为，积木拼搭任务是一种评估场独立—场依存认知风格的替代工具，因为它与镶嵌图形测验之间的平均相关系数竟然达到0.60（Witkin，1974）。也就是说，是智力测验中的某些成分测量了场独立—场依存认知风格，而不是镶嵌图形测验测量了智力。

持反对意见的研究者对这种逻辑十分不解：因为两者相关高就认为积木拼搭任务应该用来测量场独立—场依存认知风格，那为什么不说镶嵌图形测验实际上可以用来测量积木拼搭任务所代表的智力呢？比如说，镶嵌图形测验测量的心理内容实际上是空间智力（space ability），因为它与多种空间智力测验（如空间关系、卡片旋转和3D立方体旋转等）得分具有中等以上程度的相关。或者说，镶嵌图形测验测量的是流体智力（fluid ability），因为它与流体智力的测量工具——瑞文推理测验和文化公平测验——具有中等以上程度的相关。总之，既然场独立—场依存主要由镶嵌图形测验来评估，那它就更加接近能力，而不是风格（McKenna，1984）。实际上，尽管威特金不愿意承认，但他的心理分化理论明确表示场独立比场依存更具有适应性，因为场独立是心理分化比较彻底的表现。

1.5 场独立—场依存与工作记忆

场独立—场依存与工作记忆之间的关系也说明它更像一种能力(Ghotbi-Varzaneh, Ghamary, Saemi, & Zarghami, 2011; Rittschof, 2010)。工作记忆是指,将与任务有关的信息维持在意识中,并进行操作的一组认知功能,包括视觉空间画板(visuospatial sketchpad)、语音回路(phonological loop)和中央执行系统(central executive)等多个成分(Baddeley & Logie, 1999)。视觉空间画板和语音回路的功能在于将视觉空间信息和语音信息维持在意识中并进行加工,中央执行系统则用于追踪和调控上述两个系统的运作并执行有关的操作。有研究者认为,场独立—场依存的认知成分主要与工作记忆中视觉空间画板和中央执行系统有关(Miyake, Witzki, & Emerson, 2001)。

有研究者采用双任务作业的形式来检查场独立—场依存的认知风格到底涉及哪些认知过程(Miyake, Witzki, & Emerson, 2001)。所谓双任务作业,就是将隐蔽图形测验作为首要任务或第一任务,在执行第一任务的同时也执行第二任务。既然隐蔽图形测验的成绩是场独立—场依存认知风格的指标,如果个体执行第二任务影响了执行第一任务的成绩,那么有理由认为,第二任务涉及的认知过程也是场独立—场依存认知风格涉及的认知过程,至少是它涉及的过程之一。研究者设置了以下五种任务作为第二任务(见图 1-2)。

(1) 发音抑制任务(articulatory suppression task)。发音抑制是指通过发音来干扰第一任务(隐蔽图形测验)。要求被试在解答隐蔽图形测验的题目时反复大声念出“1,2,3”这三个数字,每 750 毫秒一次,这个任务需要个体启用工作记忆中的语音回路。

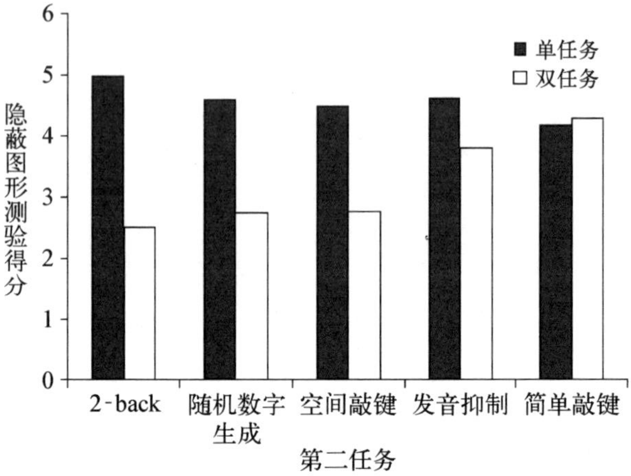

图 1-2　双任务作业

(2) 空间敲键任务(spatial tapping task)。在数字键盘上依次敲击“1,4,7,8,9,6,3,2”,敲击的轨迹恰好形成一个正方形。在敲击的过程中,被试不能看键盘,只能盯着屏幕上的隐蔽图形测验的题目。因此,这个任务需要启用工作记忆中的视觉空间画板。

(3) 简单敲键任务(simple tapping task)。只要求被试敲击数字键盘上的“2”,是一种机械重复任务,不需要调动主要的认知功能。这个任务可以被看作空间敲键任务的比较标准。

(4) 2-back 任务(2-back task)。以每秒 2 个的听觉速率向被试呈现辅音字母(如“G”“K”“M”等),被试一旦听到与上上个相同的辅音字母,就要大声报告“yes”。比方说,被试听到的前两个辅音字母依次是“P”和“K”,当下又听到“P”,此时他就应该大声报告“yes”。在这个任务中,被试需要把注意力持续放在记忆中的辅音字母上,这种认知操作是中央执行系统的功能。

(5) 随机数字生成任务(random number generation task)。要求被试按照每秒 1 个数字的节律大声随机报告数字 1～9,数字的呈现尽可能随机化。为了保证被试理解“随机”的意思,研究者还作了相应的演示。

要完成这个任务，被试就要在随机性的前提下从记忆中搜索数字，这要求被试不时把注意力放在已经报告过的数字上，因此也启用了中央执行系统的功能。

这五个任务，除了简单敲键任务，其余都涉及工作记忆中的一种功能。每次进行双任务作业之前，被试都要完成一次单独的隐蔽图形测验(单任务)，将所得成绩与双任务作业中隐蔽图形测验成绩加以比较。研究者发现，2-back 任务、随机数字生成任务和空间敲键任务作为第二任务时，被试在隐蔽图形测验中的成绩出现显著下降，其中 2-back 任务导致成绩下降 51%，随机数字生成任务导致成绩下降 40%，空间敲键任务导致成绩下降 38%。发音抑制任务和简单敲键任务没有导致第一任务的成绩显著下降。可见，启用中央执行系统和视觉空间画板的任务会干扰被试在隐蔽图形测验中的表现，启用语音回路的任务不会干扰被试相应的表现。这说明，完成隐蔽图形测验的题目，也需要工作记忆中视觉空间画板和中央执行系统的有效运作。因此，通过隐蔽图形测验的题目评估场独立—场依存认知风格，实际上是个体工作记忆中中央执行系统和视觉空间画板运作效率的体现。个体在场独立—场依存认知风格上的差异，实际上可以理解为他们在工作记忆各个成分上运作效率的差异。从这个意义上讲，场独立—场依存确实应该称为认知能力而不是认知风格。

总而言之，场独立—场依存与智力、工作记忆的关系都显示它更像能力，场独立是能力强或效率高的表现，场依存则是能力弱或效率低的表现。场依存的人真就智商不够吗？也不尽然。有研究显示，在某些情况下，场依存反而占据优势。比方说，研究者在探索场独立—场依存与内隐记忆、外显记忆的关系时发现，在外显记忆中，场依存的个体比场独立的个体表现得更好；在内隐记忆中，场独立的个体比场依存的个体表现得更好(曾晓青，刘建平，陈美荣，2010)。另外，不少研究显示，场独立的人在人际交往方面缺乏欲望，而场依存的人比较有人情味。例如，场独立的学生不如场依存的学生那样愿意与老师互动(Fritz, 1981)。场独立的学生更多地喜欢独自学习,而场依存的学生相对偏爱合作式学习(Dulin, 1993)。场独立的学生的理科成绩比场依存的学生好,而场依存的学生的文科成绩比场独立的学生好(Onyekuru, 2015)。选择自己的专业时,场独立的学生多在自然科学领域寻找,而场依存的学生多在社会服务领域(如教学和社会工作等)寻找(Morgan, 1997)。总之,这些研究提供的证据显示,场依存者在社会能力上占有优势,场独立者则并不享受社会交往。

场独立—场依存到底是一种认知风格还是一种认知能力,看来很难下定论。有研究者指出,认知风格和认知能力的争论实际上没有意义,大家应该集中精力进一步挖掘对场独立—场依存的认识,明了这一个体差异涉及的现象对于个体知识掌握的意义,让教育者不管是面对场独立者还是场依存者,都有办法帮助他们发挥自己最大的学习潜力(Evans, Richardson, & Waring, 2013)。要做到这一点,就有必要进一步探索场独立—场依存对学习效果的影响,以及在学习过程中它与各种变量(包括个体变量和环境变量)之间复杂的交互作用。近些年来,有关场独立—场依存与计算机模拟教学的研究就是这样一种有价值的探索。

1.6 场独立—场依存与计算机模拟教学

网络时代的教学模式有了一个很大的进展,那就是采用计算机模拟教学。计算机模拟教学通过精心设计的教学互动软件,将学习内容通过多种媒体呈现,呈现的进程可以由学习者自己把控,可以说非常方便。但是,有研究者发现,并不是所有人都能够适应这种教学模式。比如,计算机模拟教学帮助学习者学习解决复杂问题时,多一种指导材料能够促进学习效果,但这种促进作用只发生在场独立者身上(Angeli &

Valanides, 2004)。具体来讲,对场独立的学生而言,同时接受两种指导材料(文本和图画)比只接受一种指导材料要更有利于解决复杂问题,但对场依存的学生而言,接受两种指导材料并不比接受一种指导材料更有优势。研究者还发现,在计算机模拟教学设计中,将文字说明与图解分开呈现的方式对初学者的教学效果,不如将文字说明与图解同时呈现的教学效果,前者称为分离模板(split-format),后者称为整合模板(integrated-format),但整合模板的这一优势同样只存在于场独立的学生身上(Angeli & Valanides, 2009)。在计算机模拟教学中,场独立的学生的优势还体现在他们比场依存的学生更能适应玻璃箱模拟情景(Angeli & Valanides, 2013)。这些研究结果都阐述了同一个道理:计算机模拟教学不太适合场依存的学生,因为他们享受不到这种教学的许多优点。真的只有场独立的学生才能够适应计算机模拟教学吗?如果是这样,那么这种教学方式的前景令人担忧,因为有研究者发现,小学生中场依存者的比例要远远高于场独立者的比例(Brownlee, Schraw, & Berthelsen, 2012)。幸好,有研究发现,情况可能没有那么悲观,只要适当地设置学习情景,场依存者也能享受到计算机模拟教学的好处(Angeli et al., 2016)。

这项研究以59名5岁到6.5岁的儿童为对象,让他们依次完成两种类型的计算机模拟教学课程,一种为黑箱模拟(black-box simulation)教学,教学内容为"蜜蜂的生活";另一种为玻璃箱模拟(glass-box simulation)教学,教学内容为"蝴蝶的一生"。每种学习过程开始前和结束后都会有一次关于所学内容的测验。

黑箱模拟教学。整个教学内容的逻辑框架是不透明的,需要学生通过大量观察推理出来。例如,"蜜蜂的生活"教学软件,模拟蜜蜂在蜂巢中的生活,以帮助学生了解蜜蜂的生活中有哪些活动或事件(清洁蜂房、采蜜、修补蜂房和幼虫出生等),以及这些活动或事件受天气(晴天、多云、下雨和下雪)影响的情况。教学软件以图片集的形式展示蜜蜂的生活,学习开始时,学生可以在四种天气中任意选择一种,然后教学软件会以图片的形式呈现这种天气下蜜蜂的各种活动。每张图片呈现一个活动,看完一个活动后学生可以按“前进”键进入下一个活动,也可以按“后退”键回顾上一个活动。学生不可能从一张图片中直接看出蜜蜂活动与天气状况的关系模式,必须看完所有或至少大部分图片才能推理出这些信息。在这种计算机模拟教学设计中,教学内容的逻辑框架并没有在一张图片中明确呈现出来,学生无法直接看透,只能通过推理,因此称为“黑箱模拟教学”。

玻璃箱模拟教学。整个教学内容的逻辑框架是透明的,直接呈现给学生。比如“蝴蝶的一生”教学软件,为了让学生了解蝴蝶“卵—毛虫—蛹—蝴蝶”的生命历程,以及每个发育阶段受天气(晴天、多云、下雨和下雪)影响的情况,将整个过程设计成图解的形式。图解由“卵”开始,学生点击进度键可以进入下一个发育阶段,但前一个阶段依然保留,最终整个过程会呈现在同一个循环图中,循环图中有箭头来指示发育过程的进展方向。这样,蝴蝶一生的发展模式就可以在一张图解中直接呈现在学生面前,一目了然。这种计算机模拟教学设计把整个教学内容的逻辑框架明确呈现给学生,让学生可以直接看透,因此称为“玻璃箱模拟教学”。

玻璃箱模拟教学提供的学习材料相对复杂,随着学习的进展,图片上呈现的内容越来越多,直到整个图解出现。学习者要看明白图解是什么(图解由哪些变量构成,这些变量之间是怎样的关系),以及图解代表什么(构成图解的各个变量分别代表什么事物,它们组合在一起构成的整体又代表什么现象)。这种双重表征会产生较大的认知负担。在这种呈现模式中,个体的认知系统对图解的加工是一种序列加工,这种认知加工不可能同时获得所有信息，必须一个一个地来，因此需要不断消耗注意资源。学习结束后回答题目，学习者需要从整个图解中提取部分信息，这种信息加工方式与场独立者的认知风格比较契合。黑箱模拟教学提供的学习材料则相对简单，学习者每次只面对一张简单的图片，图片本身很容易理解，对它的加工是一种平行加工。也就是说，个体的认知系统将图片中的所有信息作为一个整体同时加工，这种信息加工模式与场依存者的认知风格比较契合。因此，研究者认为，场依存者无法适应玻璃箱模拟教学，但在黑箱模拟教学情景下没有问题。而且，如果让场依存者先进行黑箱模拟教学，再进入玻璃箱模拟教学情景，他们就能够适应并获得同场独立者一样的效果。

因此，研究者先用儿童镶嵌图形测验评估这些儿童的认知风格，并以 17 分为界限把他们区分为场独立者和场依存者。然后，把全体儿童分为 A 组（18 个场依存的儿童，14 个场独立的儿童）和 B 组（16 个场依存的儿童，11 个场独立的儿童），A 组先进行玻璃箱模拟教学，再进行黑箱模拟教学；B 组刚好相反，先进行黑箱模拟教学，再进行玻璃箱模拟教学。结果发现，A 组中场独立的儿童的测验成绩显著高于场依存的儿童的测验成绩，而且 A 组所有儿童的测验成绩与他们在镶嵌图形测验中的得分呈显著正相关（$r=0.45$）。B 组中场独立的儿童的测验成绩与场依存的儿童的测验成绩并没有显著相关，而且这些儿童的测验成绩与他们在镶嵌图形测验中的得分没有显著相关。此外，B 组中场依存的儿童的测验成绩要显著高于 A 组中场依存的儿童的测验成绩。可见，只要处理得当，场依存的儿童也能在计算机模拟教学中获益。

在认知风格与认知能力的争论中，上述结果旗帜鲜明地支持了认知风格这一方。因为同样是场依存者，B 组儿童比 A 组儿童在学习“蝴蝶的一生”后的测验成绩要高。如果场独立—场依存是认知能力，那么不可能仅仅因为两种模拟教学程序换了个顺序就发生这么大的改变。两组场依存者的不同在于，A 组直接接受玻璃箱模拟教学，并不能适应这种知识呈现方式，而B组先在黑箱模拟这种适合自己认知风格的教学情景中提前体验了一次，变得能够适应原本不符合自己认知风格的玻璃箱模拟教学。可见，在黑箱模拟教学中的经验使得场依存的儿童获得了一种与自身原本的认知风格不同，但更有效的信息加工方式，让他们能在玻璃箱模拟教学场景中获得与场独立者一样的学习效果。

1.7 场独立—场依存的可塑性

场独立—场依存的认知风格是否能够改变，这是一个非常重要的问题。毕竟，有很多证据显示，场独立的认知风格在学习领域有不少优势，那么让场依存者学会场独立者的信息加工方式，就变成一种非常现实的诉求。有研究者指出，有必要系统研究认知风格能否改变这一问题，以给出一个明确的答案。如果不能明确这一点，引入场独立—场依存的概念来指导教学实践就不那么让人放心。如果最终研究显示，这种认知风格无论怎么干预都无法改变，那便罢了。但如果它有一定的弹性，至少在人年轻时可以塑造，那么在这个方面作出努力就有一定的价值。

认知风格到底有没有可塑性，是一个还存在争议的问题。早期研究者如威特金等人比较强调它的稳定性，他们主张场独立—场依存类似于人格特质，具有跨时间和跨情境的稳定性，改变的空间不大(Witkin et al.，1967)。但也有研究者开始认识到这种认知风格的可塑性。比如，有研究者主张认知风格的改变既可能在社会化进程中发生，也可能通过人为干预实现(Zhang，2013)。因此，有关场独立—场依存认知风格的研究有必要在教育领域占据一席之地。还有研究者把认知风格看作人对外界环境的适应模式，这种模式部分由个体的内在倾向性所决定，但也会随着环境要求的改变而得到调整(Kozhevnikov et al.，2014)。

上述有关场独立—场依存认知风格与计算机模拟教学的研究提供

的证据也支持认知风格的可塑性(Angeli et al.，2016)。场依存者在适合自己认知风格的黑箱模拟教学中提前熟悉计算机模拟教学情景，能让他们改善自己的信息加工方式(即认知风格)，变得像场独立者一样，能够在自己原本并不适应的玻璃箱模拟教学中获得优质的学习效果。而且，A组中场独立—场依存认知风格与玻璃箱模拟教学的测验成绩相关，场独立者得分高，场依存者得分低；B组中场独立—场依存认知风格与同样模拟教学情景的测验成绩不存在相关。这足以说明，B组的场依存者在黑箱模拟教学情景的提示下，主动根据教学情景调整了自己的认知风格。

1.8 本章小结

威特金发现，人在知觉上有不同的模式。有些人在知觉上拥有一种笼统的知觉模式，表现为对整体背景的依赖和固着，倾向于将整个刺激领域作为一个完整的对象来知觉，如果需要知觉构成整体的某个部分时，会受到整体刺激领域的干扰而很难自如地实现，就像这些构成部分在整体背景中隐藏起来了一样。有些人则拥有一种解构型的知觉模式，很容易克服整体背景的影响而清晰地知觉出刺激领域中的各个部分，或者把一堆杂乱无章的知觉对象组织成一个整体，既能在知觉中把整体分解为部分，又能将各个部分自如地组合起来，非常灵活。威特金把前者叫作场依存者，把后者叫作场独立者，场独立—场依存并不是两个独立的认知风格类别，而是一个认知风格的两极。

威特金和同事用心理分化理论来解释个体在场独立—场依存认知风格上的差异。心理分化是个体更深层次的功能模式由笼统到清晰的一个渐变维度或过程。个体心理分化程度的差异体现在知觉模式上就是场独立—场依存认知风格的差异。此外，心理分化程度的差异还会体现在身体自我体验、自我身份感和防御机制等各种心理功能上。一个人心理分化程度高意味着他在知觉上偏向场独立,身体自我体验有边界感,自我身份感清晰,多采用理智化和隔离等比较灵活的防御机制;一个人心理分化程度低则意味着他在知觉上偏向场依存,身体自我体验边界不清,自我身份感模糊,多采用压抑和否认等比较原始而简单的防御机制。

场独立—场依存认知风格有多种评估方式,包括棒框测验、身体调整测验、镶嵌图形测验及其变式。威特金认为,各种心理功能的成熟是同步的,也就是说各种机能的分化是一致的。因此,一个有着清晰的认知风格(场独立)的人,也具有明确的身体概念和独立的身份意识,当然也有更加健康、有效的心理防御机制(理智化、隔离)。因此,可以把评估一个人在场独立—场依存认知风格上的偏向,作为了解其心理分化程度的一个切入点。也就是说,了解一个人在某种心理功能上的分化程度,就自然可以推论他在其他心理领域的分化程度。实际上,棒框测验、身体调整测验、镶嵌图形测验等测验的得分有一定程度的相关,但相关程度并不是很大。

威特金强调,心理分化的过程主要受到社会化过程的影响,特别是社会压力和生存方式。具体而言,如果一个社会主要由游猎者和采集者(如因纽特人)组成,强调独立自主和成就,没有强大的权威,人们的心理分化程度就会比较高;如果一个社会的主要生存方式为定居的农业和畜牧业,强调服从和责任,有强大的权威来约束社会中的个体,人们的心理分化程度就会比较低。

威特金认为,心理分化程度高的人更加成熟,因此有人认为那些测量场独立—场依存认知风格的工具(尤其是镶嵌图形测验等)实际上并不是评估一种风格,而是评估一种能力。场独立是能力强或效率高的表现,场依存则是能力弱或效率低的表现。不过,情况并不是这么简单,虽然偏向场独立的人在工作记忆、内隐记忆和计算机模拟教学的适应性上都占优势，但偏向场依存的人在外显记忆、人际动机和人际技能上要占优势。而且，如果在计算机模拟教学中设置恰当的条件，偏向场依存的人可以克服自身认知风格上的局限，获得和场独立者同样的学习效果。因此，场独立—场依存认知风格可能也有一定的可塑性。

2 分析型认知风格

许多心理学家研究过分析型认知风格，其中名气最大的可能要属2002年诺贝尔经济学奖得主卡尼曼(Daniel Kahneman)。诺贝尔奖颁奖词中称卡尼曼的主要贡献是“把心理学的，特别是关于不确定条件下人的判断和决策的研究思想，融入经济科学”。心理学家早就发现，人类虽然自诩拥有理性，但在决策时喜欢走捷径，倾向于根据情感、记忆和经验迅速作出判断，因而常犯错误。卡尼曼在他的畅销书《思考，快与慢》中解释了这种看似矛盾的现象(Kahneman, 2011)。在书中，他把人脑的工作系统分为系统1和系统2。系统1反应迅速，但容易被损失厌恶和乐观偏见等非理性倾向带偏，导致人们作出错误的选择；系统2反应较慢，通过调动注意力来分析和解决问题，不太容易出错。系统1虽然是非理性的，但比较省心；系统2虽然是理性的，但比较费心，因此很多时候人们会不由自主地任由系统1带偏自己，而不愿去执行系统2的操作。这主要就是因为人们太懒，不愿意动脑筋。卡尼曼的这种解释在心理学中非常流行，有研究者从个体差异的角度理解这种现象，区分出分析型认知风格(analytic cognitive style)和直觉型认知风格(intuitive cognitive style)。如果人们作出决策时更多地依赖系统1，决策就是直觉型的；更多地依赖系统2，决策就是分析型的(Epstein, 1994; Evans & Stanovich, 2013)。个体在分析型认知风格上的差异会产生不同的世界观，影响对宗教、道德甚至爱情的认识，这些都是人类社会生活的重要方面。

2.1 分析型认知风格：反思和分析的倾向性

分析型认知风格反映一个人是否推崇理性，而不是这个人是否聪明。心理学家开发出来的题目可以帮助我们理解这两者的差异：5 个机器 5 分钟可以做 5 个小装饰品，那么 100 个机器做 100 个小装饰品要用____分钟？研究者发现，不少人会不假思索地给出“100 分钟”这个答案；另一些人则会想一想，然后给出“5 分钟”这个答案（Frederick，2005）。这个题目看似简单，实际上有陷阱；但细想一下也不难得出正确答案。如何回答这个题目，实际上反映了一个人在分析型认知风格上的取向。如果回答“100 分钟”，则说明这个人是凭直觉做题的，心里有了答案后就不再多想，直接给出答案；回答“5 分钟”的人，虽然也有回答“100 分钟”的冲动，但他对这个答案并不放心，愿意再三思考，进而发现另一个答案才是合理的。其实，前一种人的心中未必没有一点疑虑，只是不愿意（或不习惯）再多想一想罢了。因此，对这个题目的不同回答，实际上反映了一个人愿意进行反思和分析的倾向性，这种倾向性就是分析型认知风格。每个人都有直觉反应，也都能够进行逻辑分析，但到底是愿意相信直觉，还是愿意相信理性分析，就因人而异了。这种差异并不是能力的问题，而是习惯和意愿的问题。在这一点上，分析型认知风格比场独立—场依存认知风格要更加界限分明一些。

2.2 双加工理论和双系统理论

卡尼曼认为，人的直觉和分析功能分别对应大脑的两种工作系统（Kahneman，2011）。但也有心理学家认为，假定大脑中存在两种系统比较武断，而且难以在生理上找到对应的功能区，他们觉得应该把人的认知系统涉及的各种加工分成两大基本类别：第一类加工（type 1 processes）和第二类加工（type 2 processes）。因此，该理论称为双加工理论（dual-process theory）（Evans & Stanovich, 2013）。举个例子，一个人走进教室，你认出他是数学老师，这种认知过程便是第一类加工。不用计算器，估算 $\sqrt{19\,163}$ 的结果，这种认知过程就是第二类加工。可见，第一类加工是自动化的，不需要意识的参与，因此一般非常快，这类加工基本上对应我们通常所讲的直觉；第二类加工需要费心思考，一般需要意识的参与，因此一般比较慢，这类加工对应我们通常所讲的反思。两类加工的不同之处很多，详细情况可以参考表 2-1（Evans & Stanovich,

表 2-1　第一类加工和第二类加工的特征对比

第一类加工（直觉）	第二类加工（反思）
决定性特征	
不需要工作记忆参与	需要工作记忆参与
自动化的	认知分离，心理模拟
典型相关特征	
快	慢
容量大	容量有限
平行加工	序列加工
没有意识	有意识
有偏差的反应	标准反应
语境化的	抽象的
自动化的	受控制的
联结式的	规则化的
基于体验的决策	结果决策
与认知能力无关	与认知能力有关
系统 1（旧脑）	**系统 2（新脑）**
较早的进化产物	较新的进化产物
类似于动物认知	人类特有的认知
内隐知识	外显知识
基本情绪	复杂情绪

2013)。在这诸多特征中,只有工作记忆(working memory)、认知分离(cognitive decoupling)和心理模拟(mental simulation)等少数几个可以称为决定性特征。

第一类加工不需要占用工作记忆的空间,而第二类加工需要启用工作记忆。很多时候,第一类加工产生的自发反应都不是最优反应,要产生最优反应,第二类加工需要完成两项任务。第一项任务是抑制第一类加工产生的自发反应,第二项任务是生成更加合适的反应。怎样生成更加合适的反应?研究者认为,我们在头脑中模拟当前情境,检验各种反应及其结果之后加以比较,然后择优生成更加合适的反应(Stanovich & Toplak, 2012)。要实现这个过程,个体必须能够让自己对真实世界的表征和对各种假设情境的表征在脑海中共同存在,同时又让各种表征界限分明、互不混淆,这就是所谓的认知分离。除工作记忆、认知分离和心理模拟之外的其余特征称为典型相关特征,这意味着它们在多数特定的情况下成立,但并不绝对如此。比如说,在多数情况下,第一类加工产生的自发反应(直觉反应)是有偏差的(刻板印象、偏见等),第二类加工产生的反应是正确的。然而,直觉并不总是错的,而深思熟虑的结果也未必总是对的。

既然这两种加工模式在我们的认知系统中共存,那么它们是什么关系呢?运作起来会不会发生冲突?有研究者认为,第一类加工和第二类加工一般同时进行,当两者产生冲突并被人意识到时,才会出现互相竞争的局面,这种运作方式叫作平行—竞争模式(parallel-competitive form)(Barbey & Sloman, 2007)。举例而言,当解答题目时,直觉过程和分析过程都在运作,当两者产生的答案一致时,自然相安无事;但当两者产生的答案互相冲突时,人们就会再三思考,寻求正确的答案。不过,也有研究者认为平行—竞争模式说不通。第一类加工比第二类加工速度快得多,怎么可能同时进行呢?他们认为,第一类加工是认知系统的默认设置,一旦相应的线索或刺激出现,就会立即出现强制性的第一类反应。第一类加工构成整个认知系统运作的大背景,第二类加工只有在第一类加工无法解决问题或给出不对劲的答案时才会启动。当个体面临的问题比较困难,以前没见过或没有熟悉的答案时,才有可能启动第二类加工以干预第一类加工的反应。因此,这种工作机制叫作默认设置—干预者(default-interventionist)(Evans & Stanovich, 2013)。比如说,在前面提到的有关小装饰品的题目中,脑海中最早出现的答案是"100 分钟",这就是默认设置的效果,快而不自觉,带有强制性和优先性。"5 分钟"这个答案是认真思考后的结果,需要意识到第一个答案有点不对劲,反思问题所在,然后重新运算。这个过程就是对默认反应的一种矫正和干预。

实际上,这两类加工正好对应卡尼曼所说的两种工作系统,第一类加工对应系统 1,第二类加工对应系统 2。其中,系统 1 也称为旧脑,类似于动物认知,是较早的进化产物,用于应对生物进化史上反复出现的环境挑战,包括各种内隐知识和基本情绪,基本都是进化而来的适应技能。动物生而能够筑巢、打洞,但意识不到这种能力从何而来;人们发现自己的性伴侣与其他异性有染就愤怒不已,见到威胁自己生命的东西就会产生恐惧,这些都是让自己的基因得以存续的本能;系统 2 也称为新脑,属于人类特有的认知,是较新的进化产物,它使人能够灵活地应对环境变化,而不是机械地对环境刺激作出被动反应,让我们学习更多知识,知其然也知其所以然,也让我们能够在一定程度上调控自己的情绪。喜忧参半、百感交集、惊疑不定等复杂情绪就是个体对情绪进行自我调控之后的各种表现(MacDonald, 2008)。

2.3 认知能力与分析型认知风格

从双加工模型的角度来看,分析型认知风格实际上反映了一个人愿意和习惯执行第二类加工的倾向性。这种倾向性是不是开篇所讲的分析型认知风格呢？不完全是。分析型认知风格指一个人愿意或习惯反思的程度，第二类加工却不只有这一层意思。我们可以从三重脑模型(tripartite model of mind)中清楚看到这一点(Stanovich, 2011)。

三重脑模型区分了自动脑(autonomous mind)、运算脑(algorithmic mind)和反思脑(reflective mind)。其中，自动脑的功能属于第一类加工的范畴，运算脑和反思脑的功能属于第二类加工的范畴。这三种脑并不是分离的系统，而是在控制程度上逐步提高的层级结构(Dennett, 1996)。自动脑的反应是默认设置，因此是被动反射型的反应，几乎不存在自我控制。如果这个反应不利于长远目标，运算脑就会对它产生抑制作用，但运算脑会不会去实施这种抑制，则取决于反思脑。因此，反思脑才是最高级别的控制系统，它涉及许多目标状态和思维倾向，从更概括的层面调控人类行为(见图 2－1)。

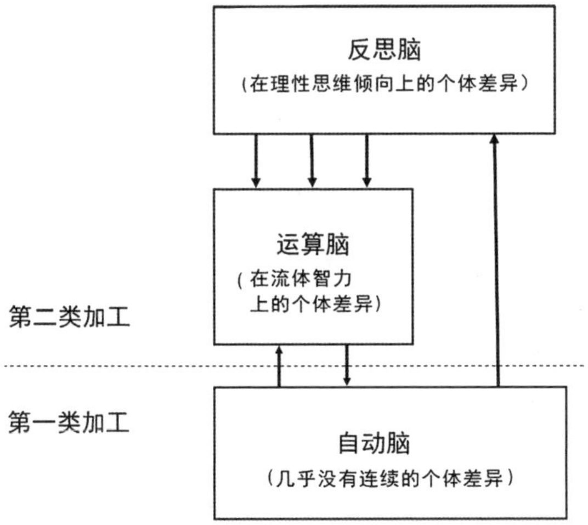

图 2－1 三重脑模型

运算脑和反思脑的区别就在于，前者主要反映了认知能力，而后者主要反映了认知风格或思维倾向。对认知能力的许多测量主要反映运算脑的运作效率，即把分离的表征维持在脑海中的能力。对认知风格的许多测量主要反映反思脑的高级调控效率，包括掌握足够信息才作出决定的倾向，下结论前先寻求各种不同观点的倾向，回答问题前广泛思考的倾向，考虑行动后果再实施的倾向，根据已有的论据调整自己观点的倾向，根据环境变化在心中衡量利弊后再作出决定的倾向。这些都反映了一个人愿意或习惯反思的倾向性，个体在反思脑上的个体差异才可称作分析型认知风格。在日常生活的许多方面，个体在分析型认知风格上的差异会带来不同的结果（Pennycook, Fugelsang, & Koehler, 2015）。要想了解并揭示分析型认知风格与这些结果之间的关系，就要开发能够反映人在认知风格上的差异的工具。

2.4 分析型认知风格的测量方式

分析型认知风格的测量方式主要有两类：一类为典型作为测验，由受测者报告自身通常的行为表现，没有答对和答错之分，得分反映的是个体在某一行为上的典型表现，代表性测量工具是理性—经验量表（Rational-Experiential Inventory, REI）（Pacini & Epstein, 1999）。另一类为最高作为测验，题目有答对和答错之分，得分高低反映了个体在分析型认知风格上的倾向性，代表性测量工具是认知反思测试（Cognitive Reflection Test, CRT）（Frederick, 2005）。除了认知反思测试之外，还有一些原理相似但表达各异的最高作为测验可用于评估人的分析型认知风格，如可信度偏差（Belief Bias）（Pennycook, Cheyne, Koehler, & Fugelsang, 2013）和基础率冲突问题（Base-Rate Conflict, BRC）（Pennycook et al., 2012）等。

理性—经验量表。该量表的理论基础是认知—经验自我理论（cognitive-experiential self-theory, CEST）（Epstein, 1994）。认知—经

验自我理论认为，人类的推理过程是一种并行的双加工过程，也就是说，人在理解自身所处的世界时，有理智系统（rational system）和经验系统（experiential system）两套信息加工系统。理智系统的操作需要使用逻辑规则和以前学到的符号、词语和数字来编码现实世界。这意味着，理智过程要在意识层面进行，要调用高级的认知资源，因此是速度较慢的分析和反省过程。这些特点与第二类加工基本吻合。经验系统则是天生的适应系统，它将过去经历的结果（尤其是与情绪体验有关的结果）进行编码，用以指导之后的行为，以便行为能够避免消极的情绪体验，或促进积极的情绪体验。体验过程是自动化的，快速且不需要意识参与，它很少涉及言语系统，但与情绪有着密切的联系。这些特点与第一类加工基本吻合。理智过程和体验过程是并行的，但常常会发生冲突。冲突的结果是，不是东风压倒西风，就是西风压倒东风。于是，有些人理智过程占主导地位，表现出分析型认知风格，而另一些人体验过程占主导地位，表现出直觉型认知风格。理性—经验量表就可以用于评估这种个体差异。

个体在理性—经验量表上的得分可以显示他是偏好理智过程，还是偏好体验过程。早期的量表分成认知需求（need for cognition，NFC）和直觉信心（faith in intuition，FI）两个部分。认知需求分量表评估个体对认知活动的投入和享受程度，代表理智型认知风格，共 19 个题目。直觉信心分量表则主要评估个体对自己直觉过程的信任程度，代表体验型认知风格，共 12 个题目。个体在认知需求和直觉信心两个分量表上的得分没有显著相关，说明这两种认知过程确实相互独立，符合认知—经验自我理论的假设（Epstein et al.，1996）。之后，有研究者进一步改善了理性—经验量表，将题目总量增加到 40 个，理智型认知风格和体验型认知风格各 20 个题目（Pacini & Epstein，1999）。而且，每种认知风格又分成能力（ability）和投入（engagement）两个部分，各 10 个题目。因此，改善后的量表共有四个分量表：理智能力（rational ability）、理智投入

(rational engagement)、体验能力(experiential ability)和体验投入(experiential engagement)。理智能力是指个体对自己逻辑分析思维的信心,例句为:我可以把一件事情细细地想透彻,一点困难也没有。理智投入是指个体对逻辑分析思维的依赖和享受程度,例句为:我喜欢进行抽象的思考。体验能力是指个体对自己的直觉印象和感受的信心,例句为:在信任别人方面,我的直觉一般很准。体验投入是指个体依赖感觉或直觉进行决策并享受其中的程度,例句为:我喜欢依赖自己的直觉。所有题目都在5点量表上计分,1=绝对不是我的样子;5=恰恰就是我的样子。将所有理智能力和理智投入题目的得分相加,就得到理智型认知风格的得分;同理,将所有体验能力和体验投入题目的得分相加,就得到体验型认知风格的得分。与原始量表相似,改善后的量表评估的理智型认知风格与体验型认知风格没有显著相关,但每种认知风格中的能力分量表与投入分量表之间存在中等程度的正相关。

认知反思测试。该测试测量个体用分析型思维克服错误的直觉反应,并产生正确反应的倾向。认知反思测试只有3个数学题(球拍和球,装饰品制造机,花丛和湖面),答对1题得1分,总分为3分。这些数学题只需要简单的推理即可得出正确答案,但都有较强的迷惑性,一旦依赖直觉就会给出错误的答案。例如,5个机器5分钟可以做5个小装饰品,那么100个机器做100个小装饰品要用__分钟?这个题目的正确答案是“5分钟”,但不细想就答题的话,前面的条件会诱使人给出“100分钟”这个错误答案。认知反思测试中的三个题目都具有这样的特性,凭直觉答题会产生错误答案,但克服冲动稍微仔细分析一下,就能够得出正确答案。可见,在这个测验上答错题目比较多的人就属于直觉型认知风格,而答对题目比较多的人就属于分析型认知风格。和镶嵌图形测验一样,认知反思测试属于最高作为测验,有正确答案,得分有高低之分。但绝大部分人格测验都是典型作为测验,即让被试在利克特量表上评估自己的行为和思维倾向,例如认知需求量表,就让人在5点量表

(1＝非常不符合；2＝有些不符合；3＝不确定；4＝有些符合；5＝非常符合)上评估“我喜欢处理一些需要耗费很多脑力的情况”之类的表述与自己相符合的程度。

认知反思测试能够同时反映个体在认知能力和认知风格上的差异。认知能力是指进行分析型思维的能力水平，即擅长与否的问题；认知风格则是指进行分析型思维的倾向性或意愿性，即习惯与否的问题。简单来说，就是“能不能”和“愿不愿意”的差别。认知能力与认知风格呈正相关，这意味着，认知能力比较强的人一般也更加愿意进行分析型思维，而认知能力比较弱的人则更加依赖直觉型思维。然而，认知能力和认知风格毕竟不能完全等同，因此生活中也一定存在以下两种现象：第一，有些人智商很高，很擅长分析型思维，但特别依赖自己的直觉；第二，有些人虽然智商比较低，但特别愿意开动脑筋，想要通过分析型思维来理解这个世界。人们在认知能力上不同，最终会在生活中产生不同结果；人们在认知风格上不同，最终也会在生活中产生不同结果。这两个与人类理智有关的心理特征对生活产生的各种影响，应该有共通的机制，也有各自独特的作用。鉴于此，有研究者建议在考察人类理智对生活的影响时，要同时考察认知能力和认知风格，这样就能够凸显两者中任意一个的独特效果(Pennycook, Fugelsang, & Koehler, 2015)。认知反思测试的题目，既能反映一个人用分析型思维克服直觉反应的倾向，也能测试出这个人是否具备基本的运算能力，同时考察了认知风格和认知能力。

认知反思测试得分与认知需求量表得分具有显著相关(Frederick, 2005)，但相比之下，认知反思测试显得非常特别，这让它不仅受到研究者的青睐，而且为普罗大众所喜闻乐见。例如，谷歌(Google)学术中显示，认知反思测试编制的原文被引用次数已经超过 1 300 次(Thomson & Oppenheimer, 2016)，如今这个数量依然在不断增长。在卡尼曼的畅销书《思考，快与慢》中，“球拍和球”的问题也被公开刊载(Kahneman, 2011)，这本书有多受欢迎，这个题目就会被多少人熟悉。这种流行性会导致认知反思测试的题目过度曝光，当它们为大众所熟知后，迷惑性就会大打折扣。毕竟只有3个题目，它们的套路特别容易被人掌握。有研究表明，看过题目的人得分确实更高一些（Thomson & Oppenheimer, 2016）。如此一来，认知反思测试测量的就不是个体的认知风格，而是个体对题目的熟悉度。除了过度曝光的问题，认知反思测试还面临“地板效应”的问题，也就是说，不少群体在这个测验上的得分特别低。有研究者发现，只有精英大学生群体在这个测验上的平均得分能超过1.5（超过50%的正确率）（Frederick, 2005）。这会限制量表的取样范围，进而影响研究结果的可推广性。

为了解决这些问题，新的认知反思测试版本不断出现，CRT-2就是其中一个（Thomson & Oppenheimer, 2016）。CRT-2有4个题目，都是研究者以“trick questions”（有陷阱的问题）和“brain teasers”（脑筋急转弯）为关键词从网上搜罗来的。题目的表面效度很高，一看就知道要测什么，而且比CRT的题目简单，基本不需要数学运算。例如：你赛跑时超过了排名第二的选手，这时你排名第几？（下意识的答案是排名第一，正确答案是排名第二）研究者发现，个体在CRT-2上的得分与在CRT上的得分相关系数达到0.55，而且被试中至少有60%的人接触过CRT中的至少一个题目，而最多有30%的人接触过CRT-2中的至少一个题目，显然，CRT的曝光程度要远远高于CRT-2。此外，由于CRT-2的题目要明显简单一些，因此它能让更广泛的人群参与这一主题的研究。

可信度偏差。这种偏差存在于三段论推理之中，因此也称为三段论推理可信度偏差（belief-bias syllogism）。典型题目是，先给出一个三段论，然后让人判断这个三段论的推理是否符合逻辑。例如：

所有哺乳动物都能走路；

鲸是哺乳动物；

鲸能走路；

请问，这段推理符合逻辑吗？（A 符合；B 不符合）

需要特别注意的是，题目问的是“是否符合逻辑”，而不是“是否符合事实”。众所周知，鲸不会走路，因此“鲸能走路”这个结论不符合事实，让人觉得难以置信。但在上述三段论推理中，在“所有哺乳动物都能走路”这一大前提以及“鲸是哺乳动物”这一条件下，“鲸能走路”这个结论却是符合逻辑的。正确答案是反直觉的。面对这种题目，答题者很容易根据直觉选择“B”，但仔细分析之后才发现，正确答案是“A”。因此，答对这种题目也要求个体能够利用分析型思维来克服直觉型反应的偏差。

基础率冲突问题。基础率冲突问题是一种会诱发直觉型答案，但利用分析型思维会产生另一种结果的问题情境。直觉型答案依据刻板印象，而分析型思维主要依据对基础概率的分析，下面就是一个典型的基础率冲突问题。

在一次研究中，研究者调查了 1 000 名参与者，其中有 995 名护士和 5 名医生。王明是从这群参与者中随机选出来的一个人。王明 34 岁，家境富裕，住在颇为雅致的社区。他谈吐不凡，喜欢政治话题，对自己的工作也兢兢业业。

请问，王明可能是一名医生还是护士？（A 医生；B 护士）

在这样的问题情境中，有两种互相冲突的信息：群体成员的基础概率（护士的百分比是 99.5%，而医生的百分比是 0.5%，因此王明有 99.5%的概率是一名护士）和对王明的描述（家境、兴趣和工作热情，这些信息符合人们对于医生角色的刻板印象，人们下意识地就会觉得王明是医生）。许多人都会依从刻板印象产生“王明是医生”的直觉，而忽视或低估了基础概率这一信息的重要性（De Neys & Glumicic, 2008）。

个体在分析型认知风格上的差异会体现在生活的哪些方面呢？有了上面提到的各种测量工具，研究者就可以开展各种研究来回答这个问题。目前，研究显示，分析型认知风格主要会影响个体的世界观，如宗教信仰、道德观、爱情观等，也会影响个体的创造力和对新工具（如手机）的使用状况。

2.5 分析型认知风格与超自然信念

每种文化中都有人相信某些超自然的或者日常经验中从未出现过的存在或力量（Pennycook et al.，2012），例如鬼神、超能力和奇迹等。有研究者曾统计，世界上大约90%的人会相信某种神明，而对神明的信仰又大多伴随着各种相应的超自然信念和宗教仪式。例如，信仰佛祖的人或多或少会觉得佛教高人会有一些神通，他们死后不腐，身体焚烧后还会留下美丽神秘的舍利子。基督教的神明耶稣也有“神迹”传世，死后还能复活。有人虽然自称是无神论者，却会相信其他类型的超自然现象，如有统计显示，美国人中有40%的人相信鬼魂、灵性治疗、超感知觉（好比千里眼、顺风耳、透视等），以及隔空取物等现实生活中从未真实出现过的现象（National Science Foundation，2002；Rice，2003）。20世纪，中国出现过一阵“气功热”，当时有些所谓的“气功大师”宣称自己开过“天眼”，练习他们自创的功法能够让疾病“不治而愈”，有人相信凡是经过大师“开光”的物品都有许多神奇的“功效”。可见，对所谓“怪力乱神”的信仰在人群中还是存在的。当然，也有不少人既不信鬼神，也不信超能力，随着时代的发展，这样的人也越来越多，他们感到这些信念反直觉、不科学，让人难以置信。可以说，在现代社会，相信“怪力乱神”的人和不信“怪力乱神”的人都不少见。为什么有的人信，而有的人不信呢？研究者认为，这种超自然信念与人的认知风格有关。具体而言，直觉型认知风格的人更容易接受超自然信念，而分析型认知风格的人则不然。

许多研究都发现，分析型认知风格与宗教信念呈负相关。有一项研究发现，智力与宗教虔诚呈微弱负相关，研究者认为，这是因为智力越高的人，越是倾向于分析型认知风格，因而就越不相信宗教中的一些神奇观念(Zuckerman, Silberman, & Hall, 2013)。在另一项研究中，研究者提出，认知能力和认知风格可能分别与保守主义和宗教信念有关，换言之，认知能力与保守主义有关，而认知风格与宗教信念有关(Saribay & Yilmaz, 2017)。他们给出了三个理由：首先，保守主义和宗教信念虽然都具有形而上的特性，但两者在复杂性和具体程度上还是略有不同。宗教涉及的概念(例如神、天使和诸如“不可偷窃”的明确戒条)简单明了、通俗易懂；政治涉及的概念(例如财富分配、民主和相互制衡等)就比较复杂，理解起来颇为吃力。因此，宗教信仰(信仰还是不信仰)主要是一个意愿和习惯的问题，但政治态度(保守还是自由)还要涉及能否理解的问题。对大多数民众而言，在生活中，宗教行为(每周到教堂做礼拜)比政治行为(投票、抗议、游行等)更常见。对神的敬畏会从儿时延续到成年，因为神没有对手；但对政治家的畏惧就算有也是暂时的，比如一个孩子曾被某个总统吓到，但这种恐惧不会延续到成年，因为每隔几年，总统就会换一个。诸如此类的因素会使得宗教信念在儿童社会化的过程中更深地嵌入第一类加工，也就是说，宗教信念会变成直觉式的认知反应。这种解释得到数据的支持：认知风格对宗教信念有显著的负向预测作用，而认知能力对宗教信念没有显著的预测作用；认知能力对保守主义有显著的负向预测作用，而认知风格对保守主义没有显著的预测作用。认知神经科学的研究发现，前扣带回皮层是冲突监测的一个关键脑区(Botvinick, Cohen, & Carter, 2004)，而冲突监测是分析型认知的基本前提，前扣带回皮层的激活程度与宗教信念也呈显著负相关(Inzlicht & Tullett, 2010)。可见，宗教信念与分析型认知总是格格不入的。

实际上，不只宗教信念，奇迹、来生和轮回等信念也经不起分析型认知的考察。因此，具有分析型认知风格的人也不太能够接受鬼魂、占星术和超感知觉（如千里眼、顺风耳）等超自然现象（Pennycook et al.，2012）。还有研究探讨了人们的认知风格与睡眠瘫痪（sleep paralysis）现象的解释之间的关系。所谓睡眠瘫痪，是指人在睡眠过程中有了意识，但全身都不能动，而且多半会出现复杂的幻象。这种现象又俗称“鬼压床”，而这种称谓本身就反映出一种典型的超自然解释。国外对这种现象也有类似的解释，如“魔鬼附体”和“外星人劫持”等，研究结果显示，习惯分析型认知的人更不可能接受这样的说法（Cheyne & Pennycook，2013）。分析型认知虽然不一定会使人直接拒绝超自然信念，但它会让人产生疑虑，进而对以前的观念作出一定程度的修改。例如，本来信仰人格神（如上帝）的人经过认真思考，可能会转而接受某种抽象的精神或自然力等观念。

还有研究者把超自然信念与分析型思维的关系应用于妄想的病理学研究。他们发现，不少人都会经历一些奇怪的事情（如梦里的事情竟然在现实生活中发生），但只有少数人会产生比较严重的妄想。研究者的解释是，大部分人都会理智地看待发生在自己身上的这些反常现象，把它当作一种巧合；产生严重妄想的人则会有一些超自然解释，如心电感应或超感知觉。换句话说，人之所以会产生比较严重的妄想，并不是因为他们经历了怪异事件，而是因为他们用超自然的方式解释这些怪异事件。为什么有些人会接受超自然解释呢？答案是理智偏差，因为他们习惯用直觉型思维，而不是分析型思维（Ross，Hartig，& McKay，2017）。研究者以大学生群体为被试，考察妄想信念、怪异经历与分析型认知风格之间的关系，结果发现，怪异经历和对怪异经历的超自然解释都与妄想信念呈显著正相关，而分析型认知风格与妄想信念呈显著负相关。另外，分析型认知风格与超自然解释呈显著负相关，但与怪异经历没有显著相关。可见，妄想确实与怪异经历有关，但怪异经历会不会导致妄想，还取决于你怎么解释它。相信直觉的人更容易相信一些超自然解释，因此他们陷入妄想的风险就更大。但是，拥有直觉型认知风格的人并不会比一般人更容易遭遇怪异事件，这一结果与妄想双因素理论的观点是一致的，即理智上的缺陷与个体对怪异事件的解释有关，但与怪异体验的产生无关（Coltheart et al.，2011）。

总而言之，直觉型思维风格可能导致对“怪力乱神”的信任，而分析型思维风格则可能使人们质疑这种信念。为何会如此呢？研究者提出相信和不信的不对称模型（asymmetric model of belief and unbelief）。我们理解一个事物的基本过程是先暂时接受它，然后对它进行评估、求证和质疑。简而言之，第一步是相信它，第二步才是不信它。相信是很容易的，这个心理过程是自动化的，不需要心理努力，比较快速；而不信则相对困难一些，这个心理过程需要个体付出心理努力来反思，是一种相对缓慢的加工。总而言之，相信和不信这两种相反的心理过程在速度、是否需要心理努力和是否自动化这三个方面并不对等，因此才有了“不对称模型”的称呼。相信和不信的不对称模型与问题解决和决策的双加工模型非常契合。在解决问题的过程中，当最初的解决方案出现在脑海中时，人们的第一反应是相信这是正确方案（接受它），之后再付出心理努力来评估和审视这个已有方案（质疑它）。相信的心理过程就是第一类加工，一般表现为直觉型加工，是一种默认反应；之后的评估和审视则属于第二类加工，一般表现为分析型加工，它涉及的心理努力的一部分功用就是克服相信的默认反应。因此，分析型认知才是不信的心理基础，具有分析型认知风格的人更容易克服不由自主的盲信，因此他们才更不可能接受各种类型的超自然现象。因为这些现象实在经不起分析，也无法进行实证。在当今社会，不论是无神论者还是有神论者，都基本能够接受理性和实证主义。在这种背景下，宗教信念就会显得比较脆弱，容易受到质疑。

2.6 分析型认知风格与阴谋论、爱情论

有些观念虽然不涉及“怪力乱神”，但也是非理性的，比如阴谋论。阴谋论是一种没有根据的信念，认为某个事件是一些人有意策划的，手段隐蔽，通常是非法的(Swami & Furnham，2014)。比如，马航MH370失联的原因扑朔迷离，难以考证，但至今有人相信这架飞机是因为一些无法公之于众的原因被谋划坠毁的。阴谋论在人群中广泛存在。为什么有些人会持有这种没有根据的想法？研究者曾对990名英国居民施测理性—经验量表和阴谋论信念量表(Belief in Conspiracy Theories Inventory，BCTI)(Swami et al.，2011)，结果发现，分析型认知风格与阴谋论信念呈显著负相关，而直觉型认知风格与阴谋论信念呈显著正相关(Swami et al.，2014)。因此，越是愿意思考的人，就越不会相信无法考证的阴谋论解释；越是相信直觉的人，就越热衷于用阴谋论来解释各种事件。在一项实验研究中，研究者把112名本科生随机分成实验组和控制组。两组被试都要完成两个阶段的任务：第一阶段要完成一次阴谋论信念量表的施测，五周之后的第二阶段，被试先完成一系列选词成句任务(如用“man，away，postcard，the，walked”中的四个单词组成“the man walked away”这样一个短句)，然后完成阴谋论信念量表的第二次施测。实验组被试选词成句时，用到的单词主要是“analyse，reason，ponder，think，rational”等；控制组被试选词成句时，用到的单词主要是“chair，shop”等。结果发现，实验组被试在完成选词成句任务后，阴谋论信念明显减弱，但控制组被试没有发生这种变化。研究者的解释是，完成选词成句任务时用到“analyse”这样的词，启动了被试的分析型认知倾向，削弱了被试持有的阴谋论思想(Swami et al.，2014)。这说明，哪怕只是暂时启动人的分析型认知倾向，也能让人不再相信阴谋论的

解释。

爱情信念虽不像阴谋论这么丑陋,但它也是非理性的(Gündoğdu, Yavuzer, & Karataş, 2018)。一谈到爱情,人们就不由地想到诸如"一见钟情""天作之合""真命天子"等词语。可能还会想起梁山伯与祝英台、牛郎织女、白娘子与许仙等凄美的故事。每种文化中都存在关于爱情的传说以及对美好爱情的描述,潜移默化之下,人们慢慢形成自己的爱情理论。有研究者总结过人群中存在的爱情观念,例如,一见钟情是存在的;人这一辈子只有一个真爱,而真爱是永恒的;真命天子会在各个方面都完美无缺;只要真心相爱,就有办法克服一切困难(Sprecher & Metts, 1999)。

这些观念听起来非常美妙,但靠谱吗?有研究者认为,这些观念与刻板印象没什么两样,与现实情况更是相差甚远(Dion & Dion, 1973)。比如说,所谓"人这一辈子只有一个真爱"的信念就常常在现实中经受挑战,因为"一夫多妻"现象(不论是人还是动物)在一些国家一直存在(Barash & Lipton, 2002),更不要说"只要真心相爱,就能克服一切困难"这种单纯的想法,分分钟就会被现实打脸。有调查发现,当理想与现实出现差距时,恋爱中的人常常会陷入困局(Metis & Cupach, 1990)。但尽管如此,相信类似观念的人似乎不在少数。比如说,"真爱永恒"的观念在人群中就很有市场,不管是已婚人士还是单身人士,都觉得自己将来离婚的可能性要远低于人群的平均水平,甚至还有人根本不信自己也有可能会离婚,完全无视当时社会上日益升高的离婚率(Fowers, Lyons, Montel, & Shaked, 2001)。为什么有人会相信这些爱情观念?有研究者认为,理解这一现象的关键就在于认知风格和认知监测理论(Trémolière & Djeriouat, 2019)。简而言之就是,沉迷于这些爱情理论的人,其分析型思维较弱,没能在与直觉型思维的冲突中取得胜利。爱情理论太美好,而且以故事和传说的形式扎根于我们的文化,反复出现在文学和影视作品中。耳濡目染之下,这些爱情理论就变成默认的自动化思维，成为第一类认知加工的内容。对这些爱情理论的质疑则属于第二类认知加工。根据认知监测理论（De Neys, 2014），两类加工发生冲突时，个体首先要能意识（监测）到这种冲突的存在，然后才会用第二类加工去克服第一类加工，进而摒弃（不信）这些爱情理论。没有意识到这种冲突的存在，或者没能克服第一类加工的人，则依然会对“一见钟情”“真命天子”“爱情永恒”“爱情力量”之类的神话深信不疑。

研究者曾考察认知反思测试与浪漫信念量表（Romantic Beliefs Scale, RBS）（Sprecher & Metts, 1989）之间的相关（Trémolière & Djeriouat, 2019）。浪漫信念量表有四个分量表，分别对应四种爱情信念：“相爱可以克服一切”（The Love Find A Way, LFAW）、“一见钟情”（The Love At First Sight, LAFS）、“真爱唯一”（The One And Only, OAO）和“理想爱人”（The Idealization, I）。这四个分量表之间的相关较高，因此既可以计算分量表得分，也可以计算总量表得分。研究结果显示，个体在认知反思测试上的得分与在这四个分量表上的得分均呈显著负相关，与总量表得分也呈显著负相关，这说明一个人越偏向于分析型认知风格，就越不能接受过于理想化的爱情信念。研究者还考察了理性—经验量表与浪漫信念量表总量表得分之间的相关，结果发现，直觉信心与爱情信念呈显著正相关，而认知需求与爱情信念没有显著相关。这个结果说明，拥有直觉型认知风格的人特别容易相信理想的爱情理论。

在进一步的研究中，研究者先将认知能力的指标（Schwartz, Woloshin, Black, & Welch, 1997）纳入回归方程，用于预测个体在浪漫信念量表上的总分，结果发现，认知能力对爱情信念具有显著的负向预测效应；进一步将认知风格的指标（认知反思测试、认知需求、直觉信心）与认知能力同时纳入回归方程，结果发现，认知反思测试具有显著的负向预测效应，直觉信心具有显著的正向预测效应，认知能力却没有显著的预测效应。如上所述，认知反思测试的得分实际上反映了个体两方面的心理特征：一是数学运算能力，属于认知能力；二是冲突监测倾向，即对第一类加工和第二类加工冲突的敏感性，它决定个体是否有意愿用分析型思维去克服直觉型思维。当回归方程中有认知能力作为预测变量时，认知反思测试依然有显著的预测作用，那么这种预测作用只能属于冲突监测倾向。因此，分析型认知风格水平高的人之所以不太容易相信这些爱情理论，是因为他们对第一类加工和第二类加工的冲突比较敏感，因而常常质疑。多分析一下生活中的直接或间接经验，就会发现这些爱情理论其实只是一厢情愿的“白日梦”。

2.7 分析型认知风格与道德

道德认知是直觉型的还是分析型的？有些心理学家主张，人的道德感是理性的，因此道德感的发展、成熟需要个体能够明确意识到他人的观点，以及社会规范对公正和对错的规定(Kohlberg, 1969; Piaget, 1965)。另一些心理学家则认为，人的道德感是直觉的，带有情绪，更注重传统和权威，而不是个人权利(Shweder & Haidt, 2000)。有一项研究让 371 名参与者完成理性—经验量表和道德基础问卷(Moral Foundation Questionnaire, MFQ)(Graham et al., 2011)。道德基础问卷考察个体在评判某件事情的是非曲直时主要看重哪种道德准则，整个问卷分成五个部分，主要对应五种道德关注：伤害/关心(harm/care，个体应该受到善待，而不是伤害)，公平/互惠/正义(fairness/reciprocity/justice，人与人之间应该平等，要被公平地对待，社会正义应该得到保证)，团体内/忠诚(ingroup/loyalty，人应该对自己所属的团体忠诚，热爱并服从团体)，权威/尊重(authority/respect，人应该尊重权威，无条件服从上级，执行与自己社会角色相适应的行为)，纯洁/圣洁(purity/sanctity，人不能做让人恶心、不适的事情)。前两种为注重个体权益的道德取向，而后三者为注重集体约束的道德取向。研究结果发现，分析型认知风格与注重个体权益的道德取向（伤害、公平、正义）呈正相关，与注重集体约束的道德取向（忠诚、权威、纯洁）呈显著负相关；直觉型认知风格与注重集体约束的道德取向（忠诚、权威、纯洁）呈显著正相关，与注重个体权益的道德取向（伤害、公平、正义）呈显著负相关。据此推定，注重个体权益的道德关注实际上是第二类认知加工，而注重集体约束的道德关注实际上是第一类认知加工（Garvey & Ford, 2014）。

兄妹之间的乱伦违反道德吗？这种行为双方自愿，也不损害第三方的利益，但确实违反了社会规范。违反社会规范的行为，有些明显会伤害他人（如欺诈和偷窃），有些则不会（如穿着睡衣裤去上班）。有研究发现，分析型认知风格的人在进行道德判断时，能够把这两种情况分开来看，只把明显伤害他人的行为判定为不道德；直觉型认知风格的人则容易把这两种行为混为一谈，将它们都判定为不道德（Royzman, Landy, & Goodwin, 2014）。还有人以认知反思测试的得分作为认知风格的指标，考察分析型认知风格与道德取向之间的关系，结果发现，个体在认知反思测试上的得分与注重集体约束的道德取向呈显著负相关，与注重个体权益的道德取向没有显著相关。在认知反思测试上得分高的人能更加容忍乱伦和恋兽癖等让人不适的行为，不觉得这样做有多违反道德（Pennycook et al., 2014a）。

合作行为实际上是一种“舍己为人”的亲社会行为。选择合作，说明人们为了共同利益“牺牲小我”；选择不合作，则说明人们更加看重自己的利益。合作与不合作这两种行为，哪一种才是人类的天性？或者说，面临选择时，哪一种才是人类的直觉反应？研究者以决策时间作为指标来探讨这个问题（Rand, Greene, & Nowak, 2012）。他们的逻辑是：如果不合作行为是一种直觉反应，而合作行为需要深思熟虑，那么快速决策的结果一般是不合作行为；反过来，如果合作行为是一种直觉反应，而不合作行为需要深思熟虑，那么快速决策的结果一般是合作行为。显然，研究者是在双加工理论的框架下理解人类的合作行为。研究结果显示，在公益游戏（public goods game，PGG）（Milinski et al.，2002）中，比起决策速度较慢（决策时间大于 10 秒）的人，决策速度较快（决策时间为 1～10 秒）的人会把自己所有钱中的更大比例捐献给公共账户。这种决策时间与合作的负相关在其他一些类似的游戏中也有明显体现。在另一个实验中，研究者把 680 名参与者随机分配到时间迫切组（要求快速反应，10 秒以内必须决定向公共账户捐献多少钱）和时间延迟组（要求认真考虑，10 秒以后才能决定向公共账户捐献多少钱），结果显示，时间迫切组的参与者的捐献比例要显著高于时间延迟组的参与者的捐献比例。在第三个实验中，研究者采用启动技术来操纵参与者对直觉思维和分析思维的偏好。他们招募了 343 名参与者，将其随机分成直觉思维组和分析思维组。直觉思维组的参与者写的短文是“直觉将人导入正途，而认真推理却使人误入歧途”的故事，分析思维组的参与者写的短文则恰恰相反，是“认真推理将人导入正途，而直觉让人误入歧途”的故事。写完故事后，两组人参加上述公益游戏，结果显示，直觉思维组的参与者向公共账户捐献了更高比例的金额。总的来看，这组研究提供的数据支持“合作是一种人类天性，合作行为是一种直觉反应”的观点。

2.8 分析型认知风格与创造力

分析型认知风格与创造力之间的关系也引起心理学家的兴趣（Barr et al.，2015b）。他们试图以双加工模型来解答困扰研究创造力的心理学家的一个问题：执行功能是促进人的创造性思维，还是削弱人的创造性思维？一些心理学家认为，对思维过程的注意和控制实际上会阻碍人们接近创造性的思维成果（Jarosz，Colflesh，& Wiley，2012）。他们主张，高度的注意控制在需要逻辑分析的问题情境中比较有利，但注意力过度集中于问题的某个方面容易导致思维固化，因此不利于产生创造性的答案(Wiley & Jarosz, 2012)。反过来说就是，漫不经心的注意状态反而容易产生灵感和创造性，比如饮酒后的微醺就能让人的创造性显著提升(Jarosz et al. , 2012)。难怪诗仙李白一喝酒就诗兴大发，原来醉酒体验是创造性的温床。

另一些心理学家则认为，执行功能是创造性思维中不可或缺的一部分，因为有研究发现，流体智力与创造性思维有显著相关，而执行功能在两者的关系中起着中介作用(Nusbaum & Silvia, 2011)。这种观点主张，要取得创造性的思维成果，需要维持并操纵信息，抵抗干扰，选择有效的策略，这些都需要执行功能的参与。因此，执行功能参与程度越大，创造性产生的可能性就越大。实际上，主张执行功能不利于创造性的心理学家也没有否认它的作用。因此，上述两种观点的分歧不在于创造性思维是否需要执行功能的参与，而在于执行功能参与的程度：一种观点认为执行功能参与少一点比较好，而另一种观点认为执行功能参与多一点比较好。一种典型的观点认为，创造力是在漫无目的和高度注意的混合状态下产生的，如果能够评估个体在这两种状态之间的相对位置，就能够更好地理解创造力产生的条件(Wiley & Jarosz, 2012)。双加工理论建构的第一类加工(直觉型思维)和第二类加工(分析型思维)的特点就分别与漫无目的和高度注意两种状态相吻合。认知反思测试、基础率冲突问题以及三段论问题等正好可以反映一个人在直觉型思维—分析型思维这一维度上的相对位置。

研究者招募了 102 名大学生，让他们完成认知风格测验(理性—经验量表、认知反思测试、基础率冲突问题和三段论问题)和四种创造力测验(Bar et al. , 2015b)。每一种创造力测验可以反映创造力的不同方面，例如反映认知灵活性(cognitive flexibility)的类别包容任务(Category-Inclusiveness Task, CIT)(Isen & Daubman, 1984)，反映流畅性(fluency)和原创性(originality)的非常规用途任务(Alternate Uses

Task，AUT）（Guilford，1967），反映联想能力的远距离联想测试（Remote Associates Test，RAT）（Mednick，1962）和快速分析推理任务（Speeded Analogical Reasoning Task）（Green，Cohen，Kim，& Gray，2012）。结果发现，分析型认知风格与远距离联想、分析推理能力具有中等程度的正相关，与认知灵活性、流畅性和原创性没有显著相关。远距离联想和分析推理这两种任务都要求个体能在语义相关度不大的概念之间找到共同点，把它们整合起来，是比较复杂的创造性任务。这种任务需要第二类加工，因此必须有执行功能的参与。那么，之前的争论到此就有答案了，比较复杂的创造性思维是需要执行功能参与的，分析型认知风格的人更可能占据优势；但认知灵活性、流畅性和原创性等创造力的特征似乎并不需要执行功能，因此分析型认知风格的人就没有多大优势了。

2.9 分析型认知风格与手机使用

智能手机的出现，让整个互联网及其包含的海量信息都被掌握在人的“一掌”之中。这种情况对人的认知有什么影响？正如各种机械工具（车辆、起重机和挖土机等）可以被看作人类手足的延伸，实际上智能手机也可以被看作人脑的延伸（Barr et al.，2015a）。有了车，人们就懒得走路，而有了智能手机，人们就可能懒得思考。根据双加工理论，人类本来就青睐快速、省心的直觉型思维（第一类加工），而不愿意进行费心伤神的分析型思维（第二类加工）。有了智能手机这种便利的工具，人们可能就更不愿意再花费时间和精力去识记重要的信息，而是直接用手机把它存储下来，然后在必要时提取即可。在那些习惯直觉型思维的人群中，这种倾向应该更加明显。也就是说，拥有直觉型思维风格的人可能会更加依赖互联网和智能手机。研究者清晰展示了这种情况（Barr et al.，2015a），他们使用各种工具（认知反思测试、基础率冲突问题以及三段论问题等)评估个体的认知风格,并要求个体报告自己每天使用智能手机的总时间,以及搜索功能、娱乐功能和社交功能分别占用的时间。结果发现,搜索功能占用时间越少的人,越是倾向于分析型认知风格,但娱乐功能和社交功能占用的时间与认知风格没有这种关系。这说明,拥有分析型认知风格的人也会使用智能手机娱乐、与朋友互动,但他们较少把智能手机当成获取信息的工具,他们更加信赖自己天生的大脑,不会过多依赖智能手机这种替代物。

2.10 分析型认知风格的塑造

在日常生活中,理性是一种备受推崇的特质。“吾日三省吾身”是先哲奉行的修身养性之路。然而,心理学研究告诉我们,人类实际上是一种懒于分析思考的存在,经常作出非理性的决策(Evans, 2008; Kahneman, 2011; Stanovich, 2004)。因此,有研究者认为,直觉型思维才是理解人类思想和行为的关键,而且直觉比反思的好处更大(Gigerenzer, 2007; Haidt, 2012)。尽管如此,推崇理性,看好分析型思维的研究者也不少(Evans, 2008; Kahneman, 2011; Newell, 2015)。至少,目前看来,这样的争议还会持续下去。因此,说不清楚到底哪种思维方式会带来更好的结果。说到底,分析型认知风格还是一个习惯和意愿的问题。那么,如果个体想变成一个习惯分析,热爱思考的人,有什么办法吗?在实验中,研究者可以用各种手段来改变人的分析型认知,这些手段可以给我们提供一些思路和线索。

研究者操纵人的分析型认知一般遵循两条思路:一是促进;二是压制。促进分析型认知可通过指导语实现,研究者要想在实验中鼓励参与者进行分析型认知,一般会通过指导语提出要求或者作出激励。压制分析型认知的方式有以下两种。

(1) 设置第二个任务争夺工作记忆空间，增加认知负担。例如，在一项研究中，要求参与者完成两个任务，第一个任务是点阵记忆任务(dot memory task)(Bethell-Fox & Shepard, 1988)，第二个任务是三段论推理任务，两个任务之间只间隔很短的时间。在这里，点阵记忆任务正是用于增加认知负担。参与者被随机分成高负担组、低负担组和无负担组。高负担组完成的点阵记忆任务最难，低负担组次之，无负担组最容易。三组都完成相同的三段论推理任务。结果显示，高负担组在三段论推理任务上的成绩最差，低负担组次之，无负担组成绩最好。这个结果说明，认知负担会削弱工作记忆，导致分析型思维无法有效运作(De Neys, 2006)。

(2) 要求快速反应，让参与者来不及认真反思(Evans & Curtis-Holmes, 2005)。例如，在一项研究中，把被试分成两组进行三段论推理，一组按照正常的速度进行，而另一组必须在 10 秒钟之内给出答案。结果发现，在进行三段论推理时，只有 10 秒钟答题时间的小组比以正常速度答题的小组存在更大程度的可信度偏差，同时逻辑推理的正确率也更低。可见，时间压力会剥夺分析型思维的运作空间，在这种情况下，人不得不凭直觉行事。

从这些操纵分析型思维的研究中可以看出，只要一个人有意愿，都可以进行分析型思维。但要养成长期的习惯，有两点值得注意：一是双任务或多任务作业可能会削弱分析型思维的效果，因此一次只思考一件事可能更有利；二是急匆匆地作决定也无法充分思考，不是培养分析型思维习惯的有利条件。这样看来，培养分析型认知风格需要一个比较宽松的环境。

2.11 本章小结

双加工理论认为，人的认知系统涉及的各种加工可分成第一类加工和第二类加工两大基本类别。倾向于使用第一类加工的人多拥有直觉型认知风格，倾向于使用第二类加工的人多拥有分析型认知风格。这两类加工之间有许多不同点，但关键性的不同只有两点：(1) 是否涉及工作记忆；(2) 是否涉及认知分离和心理模拟。第一类加工不需要占用工作记忆的空间，但第二类加工一定需要启用工作记忆。第一类加工产生的是自发反应，不需要在头脑中模拟和假设各种情境。第二类加工经常要做的工作是在头脑中模拟当前情境，检验各种反应及其结果之后加以比较，然后选择最优反应，这种工作能让个体对真实世界的表征和各种假设情境的表征在认知系统中共存，而且界限分明，这就是认知分离。

第一类加工和第二类加工在人的认知系统中共存，其运作方式有两种假说：平行—竞争模式和默认设置—干预者模式。平行—竞争模式认为，第一类加工和第二类加工一般同时进行，当两者产生冲突并被人意识到时，才会出现互相竞争的局面。默认设置—干预者模式则认为，第一类加工是认知系统的默认设置，一旦相应的线索或刺激出现，就会立即出现强制性的第一类加工。第一类加工构成整个认知系统运作的大背景，第二类加工只会在第一类加工无法解决问题或给出不对劲的答案时才会启动。当个体面临的问题比较困难，以前没见过，没有熟悉的答案时，才有可能启动第二类加工以干预第一类加工的反应。

评估分析型认知风格的工具主要分为两大类：一类为典型作为测验，由受测者报告自身通常的行为表现，没有答对和答错之分，得分反映的是个体在某一行为上的典型表现，代表性测量工具是理性—经验量表。理性—经验量表包含认知需求和直觉信心两个分量表。认知需求分量表评估个体对认知活动的投入和享受程度；直觉信心分量表则主要评估个体对自己直觉过程的信任程度。另一类为最高作为测验，题目有答对和答错之分，得分高低反映了个体在分析型认知风格上的倾向性，代表性测量工具是认知反思测试。除认知反思测试之外，还有一些原理相似但表达各异的最高作为测验可用于评估个体的分析型认知风格，如可信度偏差和基础率冲突问题等。

分析型认知风格会造成人们在世界观上的差异。拥有分析型认知风格的人不容易相信鬼神、奇迹、缘分和超能力等超自然现象或观念，因此他们不太会轻易接受宗教、爱情和阴谋论中的一些观点。拥有分析型认知风格的人在道德观上更加看重个体权益，而拥有直觉型认知风格的人更注重集体约束。分析型认知风格可能与创造力有关，在远距离联想和分析推理能力上有一定的优势，但与认知灵活性、流畅性和原创性没有关联。拥有分析型认知风格的人也会使用智能手机娱乐、与朋友互动，但他们较少把智能手机当成获取信息的工具，他们更加信赖自己天生的大脑，不会过多依赖智能手机这种替代物。心理学家可以设置一定的条件，让人启动分析型认知，从这个意义上讲，分析型认知风格其实是可以改变的。

3 自我效能感

论及认知与人类行为的关系，班杜拉(Albert Bandura)和他的理论绝对是一座无法绕开的高峰。班杜拉生于1925年，1952年获得博士学位，之后一直在斯坦福大学执教。1980年，班杜拉荣获美国心理学会杰出科学贡献奖，他的研究成果一直是心理学各类教科书必须纳入的内容。班杜拉的三元交互作用论(triadic reciprocal theory)用交互动力(interactive agency)的观点来解释人类行为动力的来源(Bandura, 1989)。这种观点与更早的自主动力(autonomy agency)和机械动力(mechanism agency)的观点形成鲜明对比。自主动力的观点认为，人的行为完全是自控的，因此人类行为的动力来源于自身，不必从其他方面找原因。如果真如这种观点所言，那么每个人都应该是能够完全遵从自己内在原则的圣贤，但事实上这样的人凤毛麟角。机械动力的观点则是另一个极端，它认为人的认知和行为完全是神经系统对外界刺激的机械反应，自主意识是不存在的，这种观点又把人的行为还原至草履虫的水准。极端的观点总会显得偏颇，班杜拉所持的交互作用观点则符合中庸之道。他认为，人既不是完全自主的，也不是完全机械被动的，人的因素(生理、认知和情绪等)、人的行为与环境因素三者之间是交互作用、互为因果的关系。内部认知(或情绪)会启动或引导人的行为，行为会引发环境的变化，而环境的变化又会影响人的内部认知(或情绪)，如此循环往复。可见，班杜拉主张人是有限自主的，而这种有限自主主要体现为人能够在一定程度上左右自己的认知，而认知又在一定程度上决定人的行为。

3.1 自我效能感与动机

人的动机在很大程度上是由认知激发的。比方说，人可以给自己设定目标，并根据这个目标来评价自己的行为，这种内在的目标系统就成为行为的动力来源(Bandura, 1977)。换句话说，有了目标，人就可以实现自我激励(self-motivation)。目标系统中有人们给自己设定的内部标准，如果行为成就达到这个标准，自己就会感到满意，这种满意感能强化既有的行为；如果行为成就没有达到这个标准，自己就会感到不满意，这种不满意感会驱使自己进一步调整行为以达到标准。因此，不管行为结果能否达到标准，个体产生的内部体验(满意或不满意)都能够激励相应的行为。当旧标准很容易达到时，个体就会设立难度更大的新标准。班杜拉甚至觉得，不只是人，就连老鼠的行为实际上也是由认知驱动的。对行为结果的认知(期望)也是一种动机来源，一旦知道这个行为会带来自己想要的结果，个体就会付诸行动并坚持下去。斯金纳箱中的老鼠之所以能够学会按压杠杆，是因为强化程序让老鼠认识到这样做会带来食物(或从电击中解脱)，这种对想要的结果的期望激励着老鼠的行为。人类能思考、有知识，人形成的期望自然要比老鼠高级，我们一般称之为“远见”，这种远见能让人预知生活中即将发生的事件，而这种预知会左右人当下的行为，也发挥着动机的作用。

班杜拉非常强调期望(或远见)这种认知在上述三元交互系统中的动力作用(Bandura, 1989)。他把能够对行为产生影响的期望分为结果期望(outcome expectation)和自我效能期望(efficacy expectation)。两者之间的差异参见图 3-1。结果期望是指个体对某种行为会带来某种结

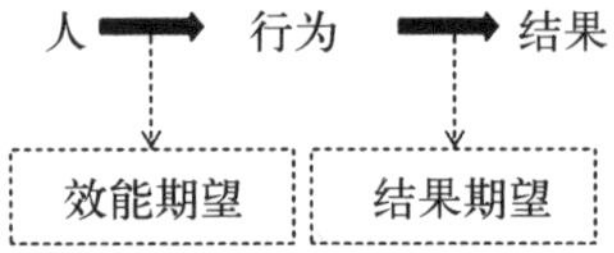

图 3-1 效能期望与结果期望

果的信念，比如，有人认为每天阅读 1 篇英文文章，坚持 1 年，就能够通过英语四级考试，这种想法就是一种结果期望。结果期望提供的远景（通过英语四级考试）是一种诱因，相信通过特定行为（每天阅读 1 篇英文文章，坚持 1 年）能实现这种远景就会促使人去执行相应的行为，信念越强，产生的动机就越强。结果期望产生的动机的强弱还与结果的价值有关。结果越重要，价值越大，产生的动机就越强。相信坚持买彩票能中 500 万巨奖，显然比相信这样做能中 3 000 元奖金要令人振奋得多。

自我效能期望是指个体对自己能完成某种行为的信念，比如，“我认为自己能每天阅读 1 篇英文文章，并坚持 1 年”。班杜拉更强调自我效能期望的动机作用，他觉得自我效能期望比结果期望能更好地解释行为。因为只有一个人认为“我做得到”，他才会付诸行动，才会有成功的可能性；当他认为自己“做不到”时，不管结果对他有多大吸引力，他也不会去行动。作为人类行为的动力因素，自我效能感的作用主要体现在它对动机强度、情绪过程、选择过程和思维过程四个方面的影响上。

动机强度。自我效能感会决定一个人动机的强弱，这主要体现为付出努力的程度，以及面临困境时坚持的时间的长短。对自己的能力有信心的人能够付出更大的努力，在困境中坚守更久，不会轻言放弃。对自己的能力抱有怀疑态度的人则容易半途而废，一旦出现不顺利的情况，就会马马虎虎收场。就如《西游记》中，不管遇到多少磨难，孙悟空总能很快振作起来继续向前，反观猪八戒就特别容易嚷嚷“散伙，分行李”，这种差异主要源于对自己能否完成任务的信念。人生艰难，也有八十一难，碰到挫折和困难，一时自我怀疑在所难免，关键是要能从这种颓丧中重新奋起，逆风而行，这时自我效能的信念就尤为重要。有研究者发现，学术自律（academic self-discipline）在学术自我效能感（academic self-efficacy）与学业成绩之间起中介作用（Jung, Zhou, & Lee, 2017）。也就是说，学术自我效能感比较高的大学生，学业成绩会比较好。这个结果充分说明了自我效能感对行为坚持性的作用。也就是说，学生的学业成绩好，是因为他们的学术自律水平比较高，表现为愿意努力，自控而有规律，能坚持投入，而他们之所以愿意这样做，是因为他们对学习行为具有高度的自我效能感。还有研究者以挪威教师为对象开展研究，也发现了同样的结果，教师的自我效能感对自身的工作投入有显著的正向预测作用，越相信自己教学能力的教师对教学工作越上心（Skaalvik & Skaalvik, 2014）。

情绪过程。自我效能感会影响人的情绪调控。在压力情景下，对自己能力的信念决定了一个人会体验到多少焦虑和抑郁，而这些情绪又会对行为产生直接或间接的影响。一个不利的情景事件是否让人感受到压力不仅取决于它的实际危险程度，而且取决于个体对这个事件与自己能力的关系的认知，如果感到自己的能力无法应对这个事件，就会有压力，产生焦虑的情绪唤起。如果对自己的应对能力非常有信心，同样的事件唤起的焦虑水平就会比较低。例如，有研究发现，教师的自我效能感对工作满意度有显著的正向预测作用，对情绪耗竭有显著的负向预测作用（Skaalvik & Skaalvik, 2014）。这是什么意思呢？这说明，如果教师对自己的教学能力有信心，他们在工作中就会较少地体验到消极情绪，较多地体验到积极情绪。除了应对事件的效能感会影响情绪，控制负面认知的效能感也有同样的作用。何谓控制认知的效能感？班杜拉引用了一句谚语："人无法阻止名为'担忧'的小鸟飞进脑袋，但能够不让它们在里面做窝。"（Bandura, 1989）个体要想好好调控与认知有关的情绪唤醒，首先要相信自己有能力不让消极的想法在脑袋里"做窝"。如果对自己的消极想法感到无能为力，就容易导致更高水平的焦虑情绪。因此，班杜拉指出，人们觉得某些场合具有威胁性，总是躲开，其实并不是因为害怕焦虑体验，而是因为没有处理这种情景的信心，缺乏效能感。

选择过程。自我效能感会决定人们对活动和环境的选择。一般而言，如果人们觉得自己不能完成某项任务或处理不了某种情况，就会回避和拒绝。人们更愿意承担并执行那些他们认为自己能完成的事。这种选择会不断地产生影响，反过来塑造个体的能力和兴趣，让一个人产生持久的变化。一个最典型的例子就是女性职业效能感的变迁。文化对女性角色的刻板印象曾极大地压制了广大女性的职业效能感（Hackett & Betz, 1981），很多女性都觉得自己缺乏必要的技能，因而不敢去尝试那些一直由男性主导的职业（比如司机、医生和律师等），实际上她们的相关能力并不比男性差多少。现如今，女司机、女医生和女律师已经非常普遍，足以说明女性之前在职业上的自我限制不是因为能力不足，而是因为自我效能感不足。文化让女性对这些职业缺乏自我效能感，避免选择这些职业而甘于相夫教子。不敢从事某种行为，就没有机会在这方面体验到掌控感，因此也无法形成效能感；经常从事某种行为，在这方面体验到掌控感，因此也能不断强化效能感。这是一个双向的过程。正因为如此，许多女性曾一直认为自己擅长家务而不适合走进职场，而男性则恰恰相反，这样就形成"男主外，女主内"的主流意识形态。

思维过程。自我效能感会影响人的思维模式，进而影响人的成就。比如说，自我效能感会在一定程度上决定个体给自己设置什么样的目标。自我效能感强的人对自己的能力有信心，会给自己设定比较高的目标，用严格的内在标准要求自己。自我效能感弱的人则会不断向下调整自己的目标，逐渐把自己的成就局限在较低的层次上。自我效能感对思维的影响还体现在记忆领域。相信自己能力的人，更容易想起成功的场景，给自己提供积极的暗示和引导。对自己的能力缺乏信心的人则容易想起失败的场景，这种内在的印象自然让人更容易失败。班杜拉发现，效能感和对成功场景的想象是互相促进的，高水平的自我效能感会促进个体对有效行为的想象和揣摩，而这种积极的认知操作反过来又会增强个体对自己相应能力的信心(Bandura, 1992)。这似乎说明,积极的心理训练也能够增强人的自信。

3.2 自我效能感的评估

如何评估一个人的自我效能感?心理学家对这种心理属性的看法不同,自然就会有编制评估工具的不同思路。目前,评估自我效能感主要有两种思路。第一种思路是把自我效能感看作一种稳定的人格特质,即能够有效处理各种不同的困难情景的一般自我感受,称为一般自我效能感(general self-efficacy, GSE)(Luszczynska, Scholz, & Schwarzer, 2005)。根据这种思路编制的评估工具,是跨领域通用的,比如在学习情境和人际情境中都可以评估一般自我效能感。第二种思路则更强调自我效能感的领域特殊性,如班杜拉认为不同情境中的自我效能感不太能够通用,因此应该针对不同的领域分别建构自我效能感的评估工具(Bandura, 2006)。学习情境中的自我效能感评估工具不能适用于其他情境。

实际上,班杜拉也承认自我效能感存在一般性成分(Bandura, 2006)。有些能力是完成任何任务都必须具备的,既然有这种一般能力的存在,那自然也存在一般自我效能感。例如,自我管理或自我调控的技术就属于一般能力,这种技术包括判断任务要求、建构或评估备选行为、设置合理目标、创造自我奖励办法,以及处理压力和分心思绪等,它们是跨领域通用的,在一个领域熟悉并掌握了这些技术,那么这些技术也适用于另一个不同的领域。对自身此类技术的信心也就成为一种通用的自我效能感。以一般自我效能感的思路为指导,有研究者编制了一般自我效能感量表(Schwarzer & Jerusalem, 1995),这个量表有 10 个题目(例如,“如果我尽力去做,总是能够解决问题的”“以我的才智,足以应付意料之外的情况”等)，要求人们判断题目中的描述符合自身情况的程度，并在4点利克特量表上计分(1=完全不正确;2=有点正确;3=多数情况下正确;4=完全正确)。研究者认为，一般自我效能感是一个单维度的结构，因此适合计算总分，分值为10～40分(Luszczynska, Scholz, & Schwarzer, 2005)。在这个量表上得分高的人就属于在多数情况下都自信满满的人，得分低的人则属于在任何情况下都对自己的能力信心不足的人。

班杜拉虽然认可自我效能感存在一般性成分，但他也认为仅用一个一般自我效能感量表来评估所有领域的自我效能感是不合适的(Bandura, 2006)。不同的活动确实有一些共同的要求，但各自相应的技能之间的差异还是更大一些。每个人都有自己擅长的领域，但不可能全知全能。因此，人们的自我效能感应该是分领域的，有些人在某个领域有较强的自我效能感，但换一个领域就不那么自信了。正如一个企业的领导者在管理自己的企业时得心应手，感到信心十足，但在面对子女教育问题时可能感觉非常头疼，不知如何是好。从这个意义上讲，人的自我效能系统不应该是一个统一的特质，而应该是一个具有领域特殊性的信念系统，每个人的信念系统都有许多针对不同领域的自我效能感。人们在自我效能感上的差异不仅是孰强孰弱的问题，而且应该包含哪个领域强、哪个领域弱的考虑。因此，评估一个人的自我效能感，不能脱离具体的活动领域。要想有效测量具体领域的自我效能感，就要先仔细分析该领域的活动，这样才能知道应该测量哪些方面的自我效能感。班杜拉曾以体重管理自我效能感为例来强调这一点(Bandura, 2006)。要想评估一个人在这方面的自我效能感，首先要分析体重管理领域涉及的活动，也就是说，要弄清楚该在哪些方面作出努力。经过分析，研究者确定了控制饮食和坚持锻炼两个方面的活动。于是，体重管理自我效能感的评估就要包含这两个方面：评估一个人在多大程度上相信自己能控制饮食，以及评估他在多大程度上相信自己能够坚持锻炼。

表 3-1 运动调控自我效能感量表例题

下面描述的一些情况会干扰我们对运动计划的坚持，请评估在每种情况下你对自己坚持执行运动计划（一周 3 次以上）能力的确信程度。请用下面的数字描述自己的确信程度，并将其填写在每种情况后面的括号中。

0 10 20 30 40 50 60 70 80 90 100

完全不可能 有中等程度的把握 非常有把握

感到疲劳的时候	（ ）
工作上有压力的时候	（ ）
天气不好的时候	（ ）
受伤后的康复阶段	（ ）
感到抑郁的时候	（ ）
感到焦虑的时候	（ ）
有客人来访的时候	（ ）
家里的事情太多的时候	（ ）
……	

在班杜拉看来，自我效能感有幅度（magnitude）、强度（strength）和普适性（generality）三种属性（Bandura，1977）。自我效能感的幅度与任务难度有关，难度越大，完成任务后获得的自我效能感的幅度就越大。具体而言，从简单任务中获得的自我效能感的幅度较小，它只会让人在完成简单任务时有信心，遇到困难的情况，照样会不知所措；如果自我效能感产生于对极为困难的情景的掌控，那么幅度会很大，个体对解决同类任何问题都会信心十足。要评估自我效能感的幅度，就要考虑各种困难程度不同的情况，如上述运动调控自我效能感量表就包含 18 种难度各异的干扰情况。其中，“受伤后的康复阶段”就比“感到疲劳的时候”困难许多。一般而言，如果在困难的情况下比较有把握，那么在相对容易的情况下会更有把握。强度是指自我效能感的稳健程度。弱的自我效能感很容易丧失，一两次失败就能让它化为乌有，非常不稳定；强的自我效能感则特别能抗打击，多次失败也无法动摇这种自信。可以在一定的时间间隔下进行重测来确定某种自我效能感的强度。自我效能感还具有普适性，即自我效能感所能适应的活动范围，某些自我效能感所能适

应的活动范围十分有限，比如数学自我效能感的普适性就不强，只限于数学活动。但有些自我效能感所能适应的活动范围就非常广，比如情绪调节自我效能感，它的普适性非常强，凡是需要调节情绪的场合（演讲、谈判、考试、比赛、上课、给病人做手术、心理咨询等）它都能发挥作用。

到底是该选择一般自我效能感量表，还是该选择具体领域的自我效能感量表呢？实际上，没有必要作这样一个非此即彼的选择。两种评估工具只是从不同的视角来测量个体对自己能力的预期，它们提供的信息是互相补充的而不是互相冲突的，研究者可以根据具体的研究需要来决定选择哪一种评估工具，或是两者都选用。事实上，一般自我效能感量表和具体领域的自我效能感量表已经共存多年，用于探索自我效能感与生活中其他重要内容之间的关系，以及检验早期理论家对自我效能感的一些基本观点。从理论上讲，自我效能感是一种重要的动机来源，能够让人更加努力和坚持，因此在自我效能感量表上得高分的人就应该拥有与努力和坚持相对应的结果，比如说更大的成就、更好的人际关系和更加健康的身心。情况果真如此吗？数十年来，已经有不少研究围绕这些主题展开，试图提供一个令人信服的答案。

3.3 自我效能感与个人成就

有一种说法称，自信是成功的第一秘诀。也就是说，相信自己有能力就会取得更大的成就。有关自我效能感与学业成就之间关系的研究给这种说法提供了非常有力的证据。曾有研究者综述了 2003 年 9 月至 2015 年 4 月以大学生群体为对象的 59 篇文献，这些文献均探讨学术自我效能感与学业成绩之间的关系（Honicke & Broadbent, 2016）。他们得出的结论是：学术自我效能感较强的大学生一般学业成绩也较好，两者存在中等程度的正相关，努力和拖延在两者的关系中起部分中介作用，也就是说，学术自我效能感强的人之所以学业成绩好，一部分原因在于他们面对学业任务时更加努力，更少拖延。在影响学业成绩方面，自我效能感还与其他因素（如情绪智力、负性情绪和神经质等）有交互作用，表现出调节效应。以负性情绪为例，对于负性情绪比较少的学生，自我效能感与学业成绩呈显著正相关，而对于负性情绪比较多的学生，较强的自我效能感并不能保证较好的学业成绩（Villavicencio & Bernardo，2013）。上述综述涉及的研究都是横断研究（Honicke & Broadbent，2016），这些研究结果虽然表明自我效能感与学业成绩有关，但不能确定两者中谁是原因，谁是结果。学业成绩好，因而更加相信自己的能力，这种逻辑也是成立的。因而他们指出，应该广泛开展追踪研究来探讨自我效能感、学业成绩与其他相关变量之间的各种效应，确定两者之间的因果关系。随后出现了不少有关这一主题的纵向研究。

有研究者发表了有关此类研究的元分析报告，他们找到 11 篇满足条件的纵向研究（至少有两个时间点，每个时间点都同时评估了自我效能感和成就指标）文献，涉及 2 688 名被试（Talsma et al.，2018）。这篇元分析报告名为“我自信，所以我成功；反过来说也成立”。顾名思义，他们认为自我效能感与个人成就之间是一种互为因果的关系。也就是说，一个人有高水平的自我效能感，这会有助于他取得较大的成就；反过来，一个人有成功的经验，这会有助于他形成较强的自我效能感。之所以得出这个结论，是因为元分析的结果发现，之前的成就确实能显著预测之后的自我效能感，而之前的自我效能感也能显著预测之后的成就，这显然是一种交互影响的模式。但研究者也指出，这种交互影响只存在于成年被试中，在儿童被试中之前的成就影响之后的自我效能感，但之前的自我效能感对之后的成就没有显著效应。

这样的纵向研究在不同地区和不同人群中开展，不断印证自我效能感和学业成绩的交互影响作用（Schöber et al.，2018）。有研究者以分层抽样的方法抽取了 1 597 名德国中学生为被试，在一个学年的年初和年末两个时间点评估被试的数学自我效能感和数学成绩，阅读自我效能感和阅读成绩。如果自我效能感和学业成绩存在交互影响，那么结果应该会出现四种情况：(1) 第一个时间点的数学自我效能感可以显著预测第二个时间点的数学成绩；(2) 第一个时间点的数学成绩可以显著预测第二个时间点的数学自我效能感；(3) 第一个时间点的阅读自我效能感可以显著预测第二个时间点的阅读成绩；(4) 第一个时间点的阅读成绩可以显著预测第二个时间点的阅读自我效能感。实际上，只出现了第一种和第四种情况，说明数学自我效能感强会提高数学成绩，阅读成绩好会增强阅读自我效能感。

总的来说，这些实证研究的结果肯定了自信(自我效能感)对成功的重要性，同时也揭示了成功对自信的重要性。自我效能感与成就是互为因果、互相促进的关系，这与班杜拉的观点一致(Bandura, 1989)。

3.4 自我效能感与人际关系

许多名言或俗语指出，自信会让人受欢迎。比如，“先相信自己，然后别人才会相信你”“自信的人最有魅力”等。这种观点也得到实证研究的支持(Zander et al., 2018)。研究发现，相信自己学习能力的人更容易在学业支持网络(类似于学习互助小组，大家在这个组织中互帮互助、共同进步)中受到欢迎。相信自己学习能力的人在学习上有足够的自信，一般很乐意帮助别人学习，是学业支持网络中的良好资源。因此，网络中的其他人都觉得他们是更好的融入者。此外，该研究还发现，融入学业支持网络也有助于个体融入社会支持网络(作为朋友或资源，互帮互助、克服困难)，反过来却不行。这可能是因为，一个人在学习上的自信会让别人觉得他是一个在学习领域有用且靠得住的人，因而佩服他，这种佩服会迁移到其他人际活动中。但一个人在人际交往领域受欢迎,不能帮助他融入学习互助的圈子,因为这个圈子还是更看重学习能力。

恋爱关系也是一种人际关系,属于比较特殊的领域,它是人类生活中极为重要的部分。有些人觉得自己特别擅长处理恋爱关系,自诩为“情圣”;有些人对恋爱关系望而却步,迟迟不敢涉入,最后误了终身大事。从这个意义上讲,恋爱也是一种能力,不同的人在恋爱方面的效能感显然不一样。有研究者专门编制了恋爱关系中的自我效能感量表,用来评估个体对自己作为一个恋人,以及维持一段感情的能力的信心(Riggio et al., 2013)。他们发现,在这个量表上得分高的人对恋爱关系有积极的期望,投入更多,焦虑更少,满意度更高。还有研究发现,关系维持行为(包括积极的态度和互动、开放性讨论、强调自己对这份感情的渴望、与双方的亲戚朋友互动和交往,以及积极履行自己作为恋人的义务)在恋爱自我效能感和恋爱满意度之间起着中介作用(Weiser & Weigel, 2016)。也就是说,相信自己恋爱能力的人更容易对自己和伴侣的关系感到满意,这是因为他们会更努力地采取各种积极的行为来维持关系。维持人际关系也是需要花费精力的,而在这方面越自信的人就越愿意用心投入。

3.5 自我效能感与身心健康

好像没有普遍的说法称,自信的人更加健康。但实证研究的结果显示,这种情况很可能存在,自我效能感有利于身心健康(Moreno et al., 2018)。有研究招募 288 名拉丁美洲癌症(乳腺癌、前列腺癌和直肠癌)患者,在他们接受治疗之后的两年里开展调查,结果发现,自我效能感在促进患者的积极生活感受方面起着非常关键的作用。具体来说,控制负面情绪的效能感、获得社会支持的效能感、参加社交和娱乐活动的效能感，以及医患沟通的效能感比较强的患者更容易对治疗后的健康状况感到满意。当然，自我效能感对健康的促进作用更多地体现为这种认知倾向能够帮助人们维持健康的生活习惯，下面几项研究很好地说明了这一点（Menezes et al.，2018；Rohde et al.，2018；Warner et al.，2018）。

一项研究收集了 3 414 名成年人的数据，发现具有较高食用蔬菜和水果自我效能感的人（即觉得自己有钱购买蔬菜和水果，有时间处理蔬菜和水果，而且烹饪技术不错）在生活中确实会更频繁地食用蔬菜和水果（Menezes et al.，2018）。另一项研究发现，瑞典母亲的自我效能感可能在一定程度上影响幼儿的健康行为习惯（Rohde et al.，2018）。研究者找到 420 对母亲—幼儿组合，调查母亲对培养幼儿健康饮食和锻炼习惯的效能感，以及幼儿的身体活动和饮食习惯，结果发现，如果母亲相信自己能促进幼儿的健康饮食和锻炼行为，那么幼儿确实会食用更多蔬菜，参加更多锻炼。同样，如果母亲对限制幼儿的不健康饮食和行为有自信，那么幼儿相应的不健康习惯就会少一些。

还有一项研究采用了日常（day-to-day）追踪设计，考察自然情况下自我效能感与戒烟行为的关系（Warner et al.，2018）。具体来说，当确定被试准备戒烟后，研究者会追踪调查 21 天，每天都要求被试报告成功体验（今天一整天都没有抽烟）和戒烟自我效能感。整个研究分成两个部分：第一部分召集的戒烟者单独参加戒烟研究，而且这批戒烟者的伴侣并不抽烟；第二部分召集的戒烟者则是夫妻都参与戒烟研究，当然这批戒烟者夫妻双方都抽烟。第一部分研究的结果显示，成功体验越多，之后的戒烟自我效能感就越强，而且戒烟自我效能感比较强的人，之后的成功体验也会比较多。这一结果再次展示了自我效能感和成功体验之间互为因果的关系，同时也说明自我效能感有利于改变抽烟这种不良习惯。第二部分研究的结果显示，成功体验和戒烟自我效能感在夫妻之间是可以互相传递的，即夫妻一方的成功体验比较多，另一方的成功体验也会增多，夫妻一方的戒烟自我效能感比较强，另一方的戒烟自我效能感也会增强。不过,在这项研究中,夫妻一方的成功体验并不会使另一方的戒烟自我效能感增强。

3.6 自我效能感的来源

自我效能感能让人成功、更受欢迎,还能让人更健康。这么好的品质大家都想拥有。那么,这种自信从何而来呢? 有关这一点,班杜拉早就给出了答案(Banduna, 1977)。简单来说,一个人对自己能力的预期来源于成就体验(performance accomplishment)、替代经验(vicarious experience)、言语劝说(verbal persuasion)和情绪唤醒(emotional arousal)四个方面的信息。

成就体验。也就是个人亲身体验的成败经历。直接的成就体验是最有影响力的信息来源,成功能让人产生掌控感,从而增强对自己能力的自信;失败,尤其是事情刚开始就遭遇挫败,则会让人深刻怀疑自己的能力。这好像与“失败乃成功之母”的名句完全矛盾。其实不然,如果一个人经历过不少成功,已经建立起稳固的自我效能感,那么一时的失利产生的负面影响微不足道,甚至还会有好处。因为个体不仅能够从失败中了解自己的不足,而且能够通过克服困难获得更高级的自我效能感,“失败乃成功之母”在这种情况下才成立。持续的、无法克服的失败不仅难当成功之母,而且是自我效能感的坟墓。成就体验能促进自我效能感不只因为成功这一结果本身,还因为个体在获得成功的过程中掌握了处理问题的技能。比如,在心理咨询师的指导下,蛇类恐惧症患者学会一整套用于应对紧张和恐惧的技能,并运用它成功克服对蛇的恐惧,亲身验证了疗效。学会了这套技能,也是个体感到有信心的一个重要原因。通过成就体验建立的自我效能感不但稳定,而且能够向其他领域渗透或泛化。比如,一个人在心理治疗过程中成功克服对蛇类的恐惧反应,建立了应对蛇类恐惧感的效能信念，这种信念会逐渐扩展，使他有信心应对其他恐惧感，如毛绒动物恐惧感，有时甚至还扩展到其他不同的情境中，如社交恐惧感等。当然，自我效能感的这种泛化效应还是在相似的情境或活动中更有可能发生。

替代经验。关于自我效能的预期不只有亲身体验这一个信息来源，有些预期是通过观察别人的行为及后果产生的，这便是替代经验。看到别人抓蛇、玩蛇，并没有出严重的事故，观察者也会产生一些自信，觉得自己应该也能做成这件事。然而，这种间接经验增强自我效能感的效果显然不如直接的成就体验的效果。也就是说，只通过观察别人（榜样）的成功经验而建立的自我效能感并不稳定，很容易消退。有些因素也会影响替代经验的效果。替代经验是通过观察榜样的活动而获得的，在这个过程中，观察者会拿自己与榜样进行比较，因此榜样与观察者的相似性会影响替代经验的效果，如果榜样与观察者有一些比较相似的特征（比如智力、性格、受教育水平、性别、身高和体重等），那么榜样的行为对观察者自我效能感的建立就更有效。这种社会比较的效应还体现为，经过切实努力而克服困难的人比身怀绝技轻易成功的人更加适合作为榜样来增强观察者的自我效能感，前者让人感觉比较现实，与自己相差不远，榜样能成，自己应该也能成；后者只会让人感觉惊艳、羡慕和沮丧，反而使人望而却步。此外，多个榜样比单个榜样更加具有说服力。例如，如果一个人很害怕开车，但他去驾校体验时，发现下至高中生，上至 60 岁的老人都在学车并最终通过了考试，他心里就有数了，觉得自己肯定也能成。有多个成功的榜样作比较，个体就可以从多方面的特征出发进行匹配，从而获得笃定的自我效能感。

言语劝说。简单来说就是鼓励。言语劝说最方便，因为单凭一张嘴。通过建议、劝说和鼓励的方式可以引导一个人相信自己能做以前不敢尝试的事情（如把蛇拿在手上）。但这种方式的局限性也比较大，即使假定每个人都有比较强的说服能力，但单凭劝说诱发的自我效能感很脆弱,遭遇几次失败和挫折就会消退。如果一个人经常遭遇失败,就更加难以通过劝说产生稳固的自我效能感。因此,言语劝说对增强自我效能感的效果肯定比不上真实的成功体验的效果。不过,鼓励别人,让他相信自己有应对困难局面的能力,同时提供暂时的帮助,让他能够有效地行动,这样做比不进行言语鼓励,只提供帮助的做法更能增强自我效能感。也就是说,单纯的鼓励对增强自我效能感的作用虽然有限,但它作为一种辅助的手段有附加的价值。因此,在直接经验或间接经验的基础上进行口头鼓励和劝说,会产生附加的自我效能感增强作用。

情绪唤醒。压力情境会让人产生生理上的唤醒,以及心理上的紧张和焦虑感。根据这些体验,人们会判断自己对压力情境的掌控能力。紧张和焦虑经常会干扰人们的操作,导致不好的结果,因此人们会觉得在压力情境中情绪稳定,没有生理或情绪唤醒的人更容易成功,更有能力。"艺高人胆大"这一俗语能代表大部分人的信念。因此,紧张、焦虑以及相应的生理唤醒就成为判断自我效能感的一个重要信息来源。如果个体在压力情境中感到紧张、焦虑,不停出汗,甚至想上厕所,就会变得不那么自信;如果没有什么心理或生理上的反应,泰然自若,就会感到更有信心。紧张和焦虑会产生连锁效应,因为知道焦虑不好,一想到它会出现并导致负面效果,就产生了对焦虑的焦虑,如此恶性循环下去,这种紧张情绪将愈演愈烈。班杜拉认为,威胁情境中产生的焦虑有很大部分是这种自我唤起的焦虑(Banduna, 1977)。如果一个人觉得自己能力强,就不太会陷入焦虑的自我循环。因此,要避免情绪对自我效能感的负面影响,途径竟然还是增强自我效能感,尤其是增强管理情绪的自我效能感。有一项研究能够充分说明情绪作为一种信息来源对自我效能感的影响(Casey et al., 2018)。研究者以 59 名多发性硬化症患者为对象,考察他们的运动自我效能感(exercise self-efficacy)与身体活动(physical activity)之间的关系。结果显示,运动自我效能感与身体活动呈显著正相关，而多发性硬化症的症状之一——焦虑情绪与运动自我效能感呈不显著的负相关，而且在运动自我效能感与身体活动的关系中起显著的调节作用。具体来说，只有焦虑水平比较低的时候，运动自我效能感与身体活动之间的相关才比较强；若焦虑水平比较高，运动自我效能感与身体活动之间的相关则比较弱。可见，焦虑情绪会削弱自我效能感的动机作用，而这可能是因为它能直接影响自我效能感。

总而言之，班杜拉认为，一个人自我效能感的建立，最有效的方式还是亲自实践，获得掌控体验（Banduna, 1977）。观察和模仿他人的经验，以及言语劝说也有一定程度的效果，但比不上真实的成就体验的效果。情绪也会影响人对自身效能的认知，因此，情绪调控也是比较重要的一环。有研究者开展实证研究，结果基本上支持了这种排序（Lent et al., 2017）。他们调查了职业决策背景下自我效能感的信息来源，按照与自我效能感之间关系的大小将几种来源依次排列为掌控体验、积极情绪、替代学习、消极情绪和言语劝说。除了上述四种来源之外，还有研究者发现，有些效能感可能来自重要他人（如父母和教师等）提供的支持（Garcia et al., 2015）。这项研究锁定的效能感是职业决策自我效能感，研究者发现，职业决策自我效能感比较强的个体，对自己所选课程或专业的前景持有比较积极的预期，而职业决策自我效能感可能来自父母和教师的支持。研究设定了两个时间点 T1 和 T2，两者相隔 1 年，结果显示，T1 时间点的父母支持行为和教师支持行为都能够通过职业决策自我效能感影响 T2 时间点的职业生涯乐观预期。研究者据此认为，大学生对未来的职业生涯有积极的预期，不仅是因为他们相信父母和教师会在关键时刻提供帮助，而且是因为他们在与长辈的支持性互动中形成了较强的自我效能感。因此，研究者建议，父母和教师在物质上的帮助固然重要，但更重要的是帮助下一代形成稳固的自我效能感，这才是终身受用的精神财富。

3.7 自我效能感的改善

知道自我效能感产生的来源，就可以通过一定的程序来改善一个人的自我效能感。说到改善，就默认自我效能感具有可塑性，而不认为它是一种稳定的特质。事实上，自我效能感会发生改变的特点很明显。在一般情况下自我效能感比较强的人，当面对难度较大，对能力要求高，花费时间和精力，风险也较大的情况时，会调整自己的自我效能预期。比如，同样是当众演讲，因演讲主题、方式（脱口秀、学术简报或毕业论文汇报）和听众（同学、导师或答辩委员）不同，个体的自我效能感也会相应不同（Banduna, 1977）。因此，通过心理治疗程序改变自我效能感是可行的。有研究者发现，健康游戏干预可以增强儿童的身体活动自我效能感（Pakarinen et al., 2017）。事实上，班杜拉早就指出，许多心理治疗技术之所以能够改变来访者的行为，主要是因为这套技术改变了来访者的自我效能感（Banduna, 1977）。

要验证上述观点，就必须在心理治疗的不同阶段评估来访者的自我效能感，看它最后是否发生了明显的改善，以及这种改善是否伴随着行为上的改善。班杜拉试图以系统脱敏法治疗蛇类恐惧症患者，致力于改善他们对蛇类的回避行为，并在这个过程中检验系统脱敏法对自我效能感的改善效果。系统脱敏法的典型操作是，首先让这些怕蛇的人学会放松技术，同时研究者选择与蛇有关的威胁情境，建立威胁等级。在此基础上，让蛇类恐惧症患者依次接触并适应威胁程度逐步提升的威胁情境，即先让患者接触威胁程度最低的情境（如用手接触一条无毒蟒蛇，蛇是真的，但危险性几乎为零）并学会适应，如果他在这种情况下不再感到焦虑（或能够通过放松技术控制自己的焦虑），就可以接触威胁程度较高的情境（如把手放在蟒蛇的头上）。如此这般，逐步提高威胁等级，直到患者能够适应最具威胁性的情境。威胁等级由低到高分为四级：用手接触蟒蛇；把手放在蟒蛇的头上；拿住蟒蛇，并让它靠近自己的脸；让蟒蛇在自己的腿上爬。顺利通过这四种威胁等级，蛇类恐惧症患者就可以自主练习，独立面对与蛇有关的情境。

整个研究过程大体分成治疗部分和行为后测部分。治疗部分是上述四种威胁情境的练习；行为后测部分主要用于检验疗效，即观察经过治疗的患者是否真的能够克服恐惧，顺利地与蛇类积极互动。行为后测部分涉及的情境威胁程度也在逐级提高，使用的蛇是一条与治疗过程中使用的蛇不同种类的蟒蛇，以及一条与蟒蛇花纹不同但危险程度相当的玉米锦蛇（也是无毒的宠物蛇类）。在整个过程中，分四次评估患者的自我效能感，评估的时间点依次是治疗前、治疗中、行为后测前和行为后测后。评估时，研究者会提供一张任务清单，包含 18 个威胁程度逐级提高的情境（1. 看着蛇；2. 接近蛇；3. 拿着蛇；……；16. 拿住蛇并让它靠近自己的脸；17. 让蛇在自己的腿上爬；18. 让蛇缠在自己的脖子上），要求被试指认那些自认为能够执行的任务，并针对每个任务在 100 点量表（10 点一个区间）上评估自我效能感（“0～10”和“90～100”分别代表极不确定和完全确定，两者之间是确定程度逐步提高的中间状态），具体参见表 3 - 2。

表 3 - 2 与蛇互动自我效能感量表

下面描述的是与蛇的各种互动活动，你能完成这样的活动吗？请评估你对自己能够完成每种互动活动的确信程度。请用下面量表中的数字描述自己的确信程度，并将其填写在每种情况后面的括号中。

0	10	20	30	40	50	60	70	80	90	100
完全不可能					有中等程度的把握					非常有把握

1. 看着蛇	(　　)
2. 接近蛇	(　　)
3. 拿着蛇	(　　)
……	
16. 拿住蛇并让它靠近自己的脸	(　　)
17. 让蛇在自己的腿上爬	(　　)
18. 让蛇缠在自己的脖子上	(　　)

蛇类恐惧症患者被随机分成三组，每一组接受不同的系统脱敏程序。第一组接受参与模仿（participant modeling）程序，第二组接受单纯模仿（modeling alone）程序，第三组为控制组，不接受任何治疗程序（no treatment）。在参与模仿程序中，蛇类恐惧症患者要亲自与蛇互动，体验并适应上述四个威胁等级。必要时，研究者可以提供暂时的示范和帮助，但要很快退出，让患者自主适应。当体验并适应四个威胁等级后，患者还有一小段自由时间可与蛇类自主互动。参与模仿程序让患者获得直接的掌控体验，特别有助于自我效能感和行为的改善。在单纯模仿程序中，蛇类恐惧症患者不会亲自与蛇互动，他们只观察别人完成四个威胁等级的行为。单纯模仿程序让患者看到别人成功应对蛇类，获得替代强化，但这种间接经验对自我效能感和行为的影响显然不如直接经验。控制组的蛇类恐惧症患者不接受任何治疗程序，因此自我效能感和行为不会有什么改善。控制组的存在价值就是与前两组进行对照，凸显疗效。研究结束之后，可采用最有效的程序治疗患者。

研究结果显示，在三种治疗程序中，参与模仿程序的疗效最好，自我效能感和行为的改善最明显，单纯模仿程序次之，控制组的改善最小。此外，行为改善的幅度与自我效能感改善的幅度高度一致，自我效能感增强的幅度越大，行为改善的幅度就越大。而且，尽管两种治疗程序（参与模仿程序和单纯模仿程序）对自我效能感的效力不同，但自我效能感与行为改变之间的关系的大小和方向在两种治疗程序中基本一致。这样的结果正是研究者希望看到的，它说明不论是哪种治疗程序，只要改善自我效能感，就能改善行为。研究者还发现，通过参与模仿程序建立的自我效能感更加普适，接受这种治疗程序的患者在面对相似刺激（另一条蟒蛇）和不同刺激（玉米锦蛇）时，显示出相同幅度的自我效能感和行为的改善；接受单纯模仿程序的患者则不然，他们对相似的蟒蛇表现出较强的自我效能感和较大幅度的行为改善，对不同的玉米锦蛇虽然也有一定的自我效能感和行为的改善，但改善幅度比较小。这说明，参与模仿程序不仅可以增强自我效能感，而且促进了自我效能感的普适性。

系统脱敏技术为什么会带来行为上的改善？之前的解释是，许多适应不良的防御行为之所以存在，是因为它们能够减少威胁情境（例如蛇）导致的焦虑，因而得到强化。因此，要消除某种行为，关键在于解决它存在的基础——威胁情境下的焦虑。系统脱敏法让患者通过放松技术来逐步缓解焦虑，摆脱对防御行为的依赖，达到行为改善的目的。班杜拉的研究则给出了新的解释：在系统脱敏的过程中，患者增强了应对威胁情境和相应情境的自我效能感，因此行为得到改善（Banduna，1977）。系统脱敏法之所以有效，关键并不在于它能够缓解焦虑，而在于它能够帮助患者建立自我效能感。

3.8 本章小结

班杜拉非常强调期望（或远见）这种认知的动力作用。他把能够对行为产生影响的期望分为结果期望和自我效能期望两种。结果期望是指个体对某种行为会带来某种结果的信念，自我效能期望是指个体对自己能完成某种行为的信念。信念越强，产生的动机越强。班杜拉认为，自我效能期望比结果期望能更好地解释行为。作为人类行为的动力因素，自我效能感的作用主要体现在它对动机强度、情绪过程、选择过程和思维过程四个方面的影响上。

目前，编制自我效能感的评估工具主要有两种思路。第一种思路是把自我效能感看作一种稳定的人格特质，即能够有效处理各种不同的困难情境的一般自我感受，称为一般自我效能感。根据这种思路编制的评估工具是跨领域通用的，目前广泛使用的一般自我效能感量表就是典型代表。另一种思路强调自我效能感的领域特殊性，认为不同情境中的自我效能感不大能够通用，因此应该针对不同的领域分别建构自我效能感的评估工具。要有效测量具体领域的自我效能感，必须先仔细分析该领域的活动。

自我效能感与个人成就之间是一种互为因果的关系。也就是说，一个人有高水平的自我效能感，这有助于他取得较大的成就；反过来，一个人有成功的经验，这也有助于他形成高水平的自我效能感。而且，自我效能感有助于一个人获得良好的人际关系和身心健康。班杜拉认为，自我效能感是可以改善的。许多心理治疗程序之所以起作用，就是因为它改善了来访者的自我效能感。直接的成功经验对于改善自我效能感帮助最大，其次是替代经验。在这两种经验的基础上进行鼓励（言语劝说）也会有额外的效果。情绪唤醒（尤其是焦虑等负面情绪的唤醒）对自我效能感是一种威胁，学会调控情绪也是保护自我效能感的一条途径。

4　气质性乐观

2019 年 6 月 22 日，迈阿密大学心理学系杰出教授卡弗（Charles S. Carver）因病去世，享年 71 岁。就在 2018 年，美国心理学会刚给这位教授颁发“杰出科学贡献奖”，因为他在目标导向行为与自我调控的理论和实证研究上作出重大贡献。卡弗教授著作颇丰，一生出版过 10 本专著，发表过 400 多篇文章，他的文献被引用的次数超过 12 万次，“杰出科学贡献奖”可谓实至名归。与他同时获此殊荣的还有他的好搭档，卡内基梅隆大学的沙伊尔（Michael F. Scheier）教授。沙伊尔教授在人格与健康领域耕耘数十年，对人类的自我激励现象有重大发现。卡弗和沙伊尔曾在得克萨斯大学奥斯汀分校度过了自己的研究生阶段，那个时候两人就开始合作。之后数十年间，两人共同在人类的目标导向行为和自我管理行为等领域不断探索，实际上，两位教授在心理学领域的诸多重大成果，大部分都由两人共同获得。他们提出一个理论框架用于解释人类的目标从何而来，目标追求行为的内部机制，以及目标不能顺利达成时会发生什么情况。他们特别重视积极预期在目标达成过程中的作用，并开发出一个量表来评估人类在积极预期上的个体差异。美国心理学会在评价两人的贡献时特别提到，要从两个方面来评价卡弗和沙伊尔的工作成果：一方面是理论上的，他们把不同领域（如情绪、乐观、应对和健康）的研究联系起来，取得了令人瞩目的成果；另一方面是方法学上的，他们开发出一些应用广泛的测量工具，如生活倾向量表（Scheier & Carver,

1985)。本章将展示这两位杰出的心理学家在积极预期方面的成果。

4.1 气质性乐观是什么

人非神仙,没有人能准确预知自己将来会遭遇什么。但人会有笼统的预感,要么觉得会发生好事,要么觉得会遭遇坏事。这两种不同的认知倾向决定了个体是一个乐观者,还是一个悲观者。乐观者和悲观者对未来有着截然相反的预期,这种认知差异确实存在于人群之中,有些人总是盲目自信,觉得事情会按照自己期望的那样发展;另一些人则总是觉得事情不会顺遂如意,自己前途堪忧。卡弗和沙伊尔把这种人与人之间的差异称为气质性乐观(dispositional optimism)或乐观主义(optimism),并将其定义为“一种对个人未来积极结果的泛化预期”(Scheier & Carver, 1985)。在这个定义中,泛化(generalized)是指这种积极的预期并不是针对某一具体的生活事件(如期末考试成绩、股票的涨势和疾病的康复情况等),而是对未来所有事件的一种朦胧的感受。另外,气质性乐观者对未来有积极的预期的原因并不限于某种特定因素,个体对未来有积极的预期,可能是因为自己能力过人,也可能是因为相信别人愿意支持自己,甚至是因为某些连自己都意识不到的因素。

气质性乐观这一人格特质的理论根基是自我调控理论(Carver & Scheier, 1998)。自我调控理论的基本观点之一就是,实现目标是生活的主题,在实现目标的过程中,对结果的预期非常重要,遇到困难时尤其如此。如果对实现目标有充分的自信(积极预期),人就会充满斗志;如果对实现目标感到怀疑(消极预期),人就会提不起干劲。有时候,因感到目标“鸡肋”,因此左右为难而心生痛苦,甚至可能直接放弃而导致目标无法实现。人的一生有大大小小各种目标,许多情况下多种目标还会同时存在,气质性乐观体现了一种对所有目标结果的广泛预期,而这种预期是个体行为动机的重要支撑。一些实证研究的证据能够说明气质性乐观的这种动机功能。如有研究发现,乐观者更可能顺利完成大学学业(Solberg et al.,2009)。当然,顺利完成学业并不一定意味着学业成绩好。有研究就发现,气质性乐观与法学专业大学生第一学期的学业成绩没有关系(Rand et al.,2011)。之前有研究也以法学专业的大学生为被试,发现他们第一学期测得的气质性乐观水平与他们十年后的收入有关,第一学期测得的气质性乐观水平越高,十年后的收入水平就越高(Segerstrom, 2007)。

卡弗和沙伊尔对这些证据的解释是,比起不那么乐观的人,乐观者在能力上可能并不占有优势,但他们胜在一如既往地坚持努力学习并达成工作目标(Carver & Scheier, 2014)。在多个目标并存的情况下,乐观者在自我调控上还表现出灵活的特点。例如,有研究显示,在多个目标并存的情况下,乐观者能够更有效地统筹自己的精力(Segerstrom & Solberg, 2006)。随后,其他研究者也发现了类似的结果,如乐观者会根据目标的优先度调整自己的努力程度,给更具优先度的目标分配更多时间和精力,减少对不具优先度的目标的投入(Geers et al.,2009)。还有研究表明,乐观者在条件有利的情况下会更加努力,在条件不利的情况下则会减少精力的投入(Pavlova & Silbereisen, 2013)。在极端不利的情况下,乐观者甚至会放弃。例如,有研究者发现,同样是发现自己被暗中欺负了,乐观者甩手不干的意愿比悲观者更强烈(Britton et al.,2012)。总的来说,对于目标,乐观者不仅会坚守,而且很灵活,这说明他们始终在意目标,而且经常认真权衡。因为感到有希望,才会如此用心。

4.2 气质性乐观的评估方式

气质性乐观的评估工具叫作生活倾向量表(Life Orientation Test,

LOT)，该量表有 1985 年和 1994 年的两个版本(Scheier & Carver, 1985; Scheier, Carver, & Bridges, 1994)。1994 年版(最终版)的生活倾向量表有 10 个题目，其中有 3 个乐观题目评估个体对积极结果的泛化预期(例如，“在不确定的情况下，我常常觉得将出现最好的结果”)，3 个悲观题目评估个体对消极结果的泛化预期(例如，“我几乎从没觉得事情会按照自己希望的方向发展”)，还有 4 个题目跟气质性乐观并无关联，只是用来掩盖测验目的(例如，“我非常喜欢自己的朋友们”)。回答这些题目时，个体要在 5 点量表上评估自己同意这句话的程度，“0”表示强烈不同意，“1”表示不同意，“2”表示中立，“3”表示同意，“4”表示强烈同意。3 个悲观题目的得分之和(或平均分)反映了一个人倾向于预期消极结果的程度，同理，3 个乐观题目的得分之和(或平均分)反映了一个人倾向于预期积极结果的程度。

在生活倾向量表成型初期，卡弗和沙伊尔发现，乐观得分和悲观得分的相关程度很高，他们据此认为，悲观和乐观是一个特质的两个极端，在乐观题目上得分低就体现了悲观倾向，反之，在悲观题目上得分低就体现了乐观倾向(Scheier & Carver, 1985)。因此，他们认为生活倾向量表测量的气质性乐观是一个单维度结构，这个维度的一端是极度乐观，另一端是极度悲观，大部分人都处在这两端之间，人到底是偏向乐观还是偏向悲观主要看他离这两个端点的远近。按照这种思路，生活倾向量表的评分应该将 3 个悲观题目反向记分，然后与 3 个乐观题目的得分相加，所得总分(或平均分)就是个体的气质性乐观程度。生活倾向量表的单维度结构也得到了其他学术团队研究成果的支持(Segerstrom et al., 2011)，此外由于这种单维度的计分方式是卡弗和沙伊尔确定的计分方式，故应用非常广泛。但是，依然有不同的观点出现。有研究发现，生活倾向量表应该是双维度结构(Glaesmer et al., 2012; Rauch et al., 2008)。这种观点认为，乐观和悲观是两个有一定相关但又相对独立的特质，不能简单地认为乐观程度低就等同于悲观程度高，而悲观程度低就等同于乐观程度高。因此，在计分时不能把乐观题目的得分和悲观题目的得分混在一起相加，而应该把3个乐观题目的得分合成一个乐观得分，把3个悲观题目的得分合成一个悲观得分。也就是说，乐观是乐观，悲观是悲观，两者不能混为一谈。

从定义上讲，气质性乐观是一种对个人未来积极结果的泛化预期。那么，这种认知倾向真的只涉及对未来的预期吗？换句话说，个体在生活倾向量表上评价自己时，想的只是未来的情况吗？还是对过去、现在以及未来的情况的综合考量？有研究者试图回答这个问题（Busseri, Malinowski, & Choma, 2013），他们在生活倾向量表的背面设置了另一个测验，要求被试在5点利克特量表上评估自己完成生活倾向量表时，在多大程度上考虑了以下六个方面的内容（0＝完全没考虑；……；4＝在极大程度上考虑）。

1. 过去发生的好事	0	1	2	3	4
2. 现在正发生的好事	0	1	2	3	4
3. 将来会发生的好事	0	1	2	3	4
4. 过去发生的坏事	0	1	2	3	4
5. 现在正发生的坏事	0	1	2	3	4
6. 将来会发生的坏事	0	1	2	3	4

以上题目涉及两个维度：一个是时间维度（过去、现在和将来），一个是事件维度（好事和坏事），用每个时间维度上的好事题目的得分减去坏事题目的得分，所得的分数就反映了被试回答生活倾向量表时在每个时间维度上的内容积极程度。研究者发现，气质性乐观与三个时间维度上的内容积极程度都呈中等程度的正相关。这说明，被试在回答生活倾向量表时参考的生活内容并不限于将来的事情，也涉及过去和现在发生的事情。因此，气质性乐观这种认知倾向不仅包含对未来生活状况的预期，而且包含对过去和现在生活状况的认知和评价。或者可以这么说，对未来生活状况的预期，在很大程度上要参考对过去和现在生活状况的

认知和评价。

4.3 气质性乐观与五因素人格

当一种新的人格特质被提出时，就免不了将其放在更加基本的人格体系中考察一番。这个更加基本的人格体系就是五因素模型（five factor model，FFM）（McCrae & Costa，1997），它包含的人格特质（外向性、神经质、随和性、开放性和尽责性）是公认的内源性基本倾向，能够充分解释广泛的日常现象（Robins，2005；尤瑾，郭永玉，2007）。如何在五因素模型的体系中考察气质性乐观呢？基本做法就是，计算气质性乐观与五因素人格特质之间的相关。

研究者考察气质性乐观与五因素人格之间的关系时，所得的结果并不一致（Alarcon et al.，2013；Marshall et al.，1992；Kam & Meyer，2012；Sharpe et al.，2011）。有研究者发现，气质性乐观是一个双维度结构，乐观与外向性和积极情绪有关，而悲观与神经质和消极情绪有关，因此他们认为气质性乐观其实是外向性和神经质的一种混合，换句话说，他们觉得气质性乐观是一个冗余的人格特质，它涉及的现象完全可以用外向性和神经质来解释（Marshall et al.，1992）。但另一项研究发现，气质性乐观不仅与神经质和外向性相关，而且与随和性和尽责性有一定的相关（Kam & Meyer，2012），结果并不支持双维度结构。上述发现并不是孤立的，其他研究也发现气质性乐观与除开放性之外的另外四个人格特质都有关系（Sharpe et al.，2011）。还有一项元分析显示，气质性乐观与五因素人格维度中的所有维度均有大小不等的相关，虽然它与神经质和外向性的相关要相对大一些，但研究者依然认为这些相关反而说明气质性乐观与五因素人格维度的区别大于联系（Alarcon et al.，2013）。总之，气质性乐观到底与五因素人格维度中的哪些人格特质相关,它是不是一个冗余的概念,对于这些问题,目前要下一个结论还是相当困难的。

卡弗和沙伊尔并不支持把气质性乐观放在五因素人格维度的框架中加以考察(Scheier & Carver, 2014),他们觉得两者反映了不同的动机领域:五因素人格维度反映了动机是什么,如外向性水平比较高的人非常热情、爱交际,这反映的是社会影响动机,他们热衷于通过自己的行为去影响别人;神经质水平比较高的人总是忧心忡忡,这反映的是危险回避动机,他们总觉得这个世界充满危险,因此倍感压力;随和性比较高的人对别人温和、体贴,这反映的是社会联系动机,他们觉得与别人保持良好的关系比什么都重要。气质性乐观则反映了动机如何形成,它从预期的视角反映目标转化成行为的机制,即对好结果的预期让人感觉未来可期,有奔头,因此斗志昂扬。实际上,卡弗和沙伊尔曾在文章中委婉地提到,"气质性乐观始于20世纪80年代中期,那时候五因素人格维度还没有成为其他特质的默认参考标准"(Scheier & Carver, 2014)。因此,何必要把气质性乐观放在五因素人格维度的框架中加以考察。

4.4 气质性乐观的认知偏好

有不少名言警句都强调乐观者和悲观者对周围世界的不同观感。比如,"有两个人从铁窗向外望去,一个人看到满地的泥泞,另一个人却看到漫天的繁星"。还有一句话是说,悲观者在每个机会中都看到困难,而乐观者在每个困难中都看到机会。乐观者和悲观者看到的世界是否真的不一样?心理学研究的结果给出了肯定的答案。

有研究发现,乐观者在知觉外界信息时确实有一些偏好(Karademas et al., 2007)。比如,他们比较容易被积极的刺激吸引。具体到这项研究而言,乐观者表现出对幸福相关刺激的注意偏好。这种偏好是通过情绪词斯特鲁普(Stroop)范式发现的,情绪词斯特鲁普范式是在屏幕上呈现一个有颜色的情绪词,要求被试对这个情绪词的颜色(而不是这个情绪词本身)进行命名。一般情况下,人看到词汇时习惯于加工词的意义,而不是加工词的颜色,因此这个任务需要被试克服这种认知加工习惯。如果情绪词的意义对此人很重要(他对这个情绪词代表的意义有知觉偏好),他就很难忽略情绪词的意义而知觉颜色,因而他命名情绪词的颜色所需要的时间就比单纯地命名相同的颜色所需要的时间更长。因此,可以通过个体在这种任务上的反应时来判断他对哪种现象有知觉偏好。研究者设置了三种情绪词:幸福词(例如长寿、快乐、效能、掌控等)、威胁词(例如灾难、危险、疼痛、疾病等)和中性词(例如树、沙发等)。结果发现,悲观者对这三种情绪词进行颜色命名时所用的时间没有显著差异,并没有表现出对某类词汇的特殊偏好;乐观者对幸福词进行颜色命名时所用的时间最长,表现出明显的对幸福词的知觉偏好。这个结果说明,乐观者的确带着"有色眼镜"去看待这个世界,他们更容易知觉到积极的信息,这也许是他们经常心情很好的原因。

还有研究显示,在畅想未来时,乐观者也会对积极信息和消极信息进行差别对待(Blackwell et al., 2013)。他们发现,个体的气质性乐观水平与其在前瞻性表象测验(prospective imagery test; Holmes et al., 2008)中的积极表象各维度(生动性、可能性和体验感)呈显著正相关,与消极表象的可能性和体验感呈显著负相关,与生动性没有显著相关。这个结果说明,在畅想未来时,气质性乐观水平高的人脑中描绘的积极内容更加生动(生动性),想象时更加有身临其境的感觉(体验感),而且更加觉得这些积极事件在未来有可能发生(可能性)。但对消极结果的想象不一定具有生动性,而且越乐观的人,越没有认真品味消极内容的习惯,他们也更不相信这些消极事件在未来可能发生。看来,只有在想象积极事件时,乐观者的想象力才真正发挥了起来,他们对消极事件的想象看起来非常"敷衍"。乐观者在想象未来时的这种特点提示我们,也许可以通过表象训练的方式改善人格。如果人们学会以认真、细致的态度去想象美好的未来，尽量生动，感到身临其境，而且当头脑中出现灰暗的未来图景时能不予理睬，切断对它的关注和体验，那么人们可能会逐渐向乐观的方向转变。

在实现目标的过程中，乐观者也能看到更多的进步，体现出积极的认知偏好(Monzani et al.，2015)。研究者招募了283名被试，用生活倾向量表评估他们的气质性乐观水平，并让他们写下在接下来几个月里，自己打算实现的一系列重要目标(如拿到学位、减肥等)，然后从中选出4个最重要的目标。一段时间后，研究者让被试在特定量表上评估自己对目标的期望(实现目标的概率或信心)和承诺(实现目标的决心有多大，愿意投入多少精力)，对目标进展的感受(自我感觉目标实现了多少)，以及这些个人目标的价值(目标对自己的重要程度)。分析数据后发现，气质性乐观、目标期望、目标承诺和目标进展感受这四者之间存在链式中介效应，简单来说就是，气质性乐观水平高的人，更加相信目标能够实现，因而更加有决心，愿意投入更多，结果就是他们在实现目标的过程中感觉到的进展也更大。研究者还开展了一项纵向研究，也发现了类似的中介效应：气质性乐观可以预测目标期望，而目标期望可以预测一段时间后个体对目标进展的感受。这些研究充分展示了自我调控理论对气质性乐观与期望两者关系的阐述：乐观者对实现目标更有信心，而这种信心激发更大的努力，进而产生更大的进步。值得注意的是，上述研究所说的目标进展并不是实际的进展情况，而是个体主观感知到的进展情况。这意味着，即使面对同样的反馈，乐观者也表现出对积极信息的认知偏好：他们更多地看到目标进展情况，感觉到更大的进步。现实中，乐观者和悲观者对目标进展的看法确实不一样，比如一个准备高考的高三学生，看到自己模拟卷子上又有好几个错题，悲观者会很沮丧，因为已经临近高考，还有不少不会的题目；乐观者则会很欣慰，因为幸亏发现了自己知识点上的缺漏，离高考满分又近了一步。

还有研究者发现，乐观者在疼痛感觉上也异于常人，他们似乎对疼痛具有更强的耐受性。研究者认为，这是因为他们可以不关注这些疼痛，从心理上对疼痛有一定的免疫性(Geers et al.，2008)，更容易忍受身体上的疼痛(Goodin，Kronfli et al.，2013)；但悲观者就很怕疼，他们容易对疼痛作出过度反应，结果让痛苦的体验加剧(Goodin，Glover et al.，2013)。在乐观与疼痛体验的关系研究中，很有意思的一个发现是，安慰剂的镇痛作用对乐观者更有效(Geers et al.，2010)。在这项研究中，研究者先用生活倾向量表评估了 116 名被试(男性 56 名，女性 60 名)的气质性乐观水平，接着将他们随机安排到安慰剂组和控制组。两组被试都要接受冷压任务(将手放在 4 摄氏度的冰水混合物中持续 2 分钟)，然后立即在疼痛评估量表上评估刚刚手放在冰水中的疼痛程度。被试在接受冷压任务之前都要在手上涂抹一种药膏(由碘酒、百里香油、食用色素和洗手液等构成的混合物，浅棕色，闻起来有药味儿)，研究者向安慰剂组介绍这种药膏时说“这种药膏有镇痛作用，之前在其他研究中发现它的效果很好，在接下来你们要体验的冷压任务中格外有效，能够大大削弱疼痛感”，而向控制组介绍这种药膏时只说“这是专门用于这种实验的一种洗手液”。结果发现，安慰剂组中的乐观者(在生活倾向量表上的得分比平均数高一个标准差的被试)比控制组中的乐观者报告的疼痛体验更弱，但安慰剂组中的悲观者(在生活倾向量表上的得分比平均数低一个标准差的被试)与控制组中的悲观者在疼痛体验上没有显著差别。这说明，安慰剂的镇痛效应只在乐观者身上起作用，对悲观者没有帮助。对未来的积极预期竟然能让胡乱拼凑的药膏发挥镇痛作用，这种信念的力量果真很神奇。

4.5 气质性乐观与健康

一项女性健康行动研究收集了 95 000 名女性的健康数据，时间跨度为8年,涉及的健康内容包括生活质量、慢性疾病、发病率和死亡率等。刚参加研究时,这些女性被试既没有心血管疾病也没有癌症,在8年的时间里,研究者发现,乐观者(在生活倾向量表上得分最高的四分之一被试)比悲观者(在生活倾向量表上得分最低的四分之一被试)患上冠心病的可能性更低,也更不可能死于与冠心病有关的情况。实际上,这项研究发现,不管是哪一种导致死亡的因素,乐观者的死亡率都低于悲观者(Tindle et al., 2009)。

上述研究似乎说明,乐观的性格让一个人在生命质量方面享有很大的好处。为什么乐观者更容易享有这些健康优势?卡弗和沙伊尔认为有两种可能性,其中之一在于动机和行为。要想保持健康,就得执行正确的行为,避免错误的行为。乐观者的行为对身心健康而言都是积极的、保护性的。比如,乐观者更加愿意吃蔬菜和水果,更加能够坚持有规律的锻炼活动,更少养成抽烟等坏习惯,这些特征都有助于身体中抗氧化剂的浓度积累。第二种可能性在于乐观者对于悲惨遭遇的情绪反应模式比较健康,即使在逆境中,乐观者也相信困难只是暂时的,以后会变得好起来,这让他们有更多的积极情绪,更少的痛苦体验(Scheier & Carver, 2014)。另外,乐观者应对压力的积极态度也是他们积极心态的坚强支撑,这种情绪模式无疑会缓解压力情境下的生理紧张感,从而保护身心健康。

有一项研究考察了气质性乐观水平和人体中血清抗氧化剂(包括胡萝卜素和维生素E)浓度的关系(Boehm et al., 2013),可以印证上述第一种健康保护机制。他们用生活倾向量表评估被试的气质性乐观水平,并在大约两年后收集这些被试的血样,分析7种胡萝卜素(反-β-胡萝卜素、13-顺式-β-胡萝卜素、α-胡萝卜素、隐黄素、叶黄素、玉米黄素和番茄红素)和2种维生素E(α-生育酚和γ-生育酚)的浓度。结果发现,气质性乐观水平越高,胡萝卜素的浓度就越高,而且气质性乐观水平的差异每增加一个标准差,胡萝卜素的浓度就提高3%~13%,但气质性乐观水平与维生素E的浓度没有关系。抗氧化剂能保护人体不受氧化作用的伤害，具有重要的健康保护作用，因此这类物质在血液中的浓度是健康状况的一个公认的指标。乐观者更加愿意吃蔬菜和水果、较少抽烟的行为特征可能是他们体内抗氧化剂浓度积累的部分原因。

有关应对方式的研究，可以印证上述第二种健康保护机制。在困难的情境中，乐观者与悲观者在应对问题的方式上也有很大的不同，这让乐观者在逆境中体验到的痛苦更少。应对压力的方式种类很多，比较常见的分类方法有两种。其中之一就是把应对压力的方式分为问题中心型(problem-focused)应对方式和情绪中心型(emotional-focused)应对方式(Lazarus & Folkman, 1984)。前者是指把精力放在解决导致压力的问题上，以此削弱压力对自己的负面影响；后者是指把精力放在舒缓痛苦情绪上，让自己感觉好受一些。另一种是将应对方式分为进取型应对方式(approach coping)和回避型应对方式(avoidant coping)(Roth & Cohen, 1986)。前者是指主动解决压力源和因它而起的负面情绪，后者是指逃避压力源和情绪感受，眼不见心不烦，就像鸵鸟一样。实际上，把这两种分类方法结合起来，应对方式可以分为问题中心进取型、问题中心回避型、情绪中心进取型、情绪中心回避型四类。有研究发现，气质性乐观与进取型和问题中心型应对方式呈正相关，而且与某些情绪中心进取型应对方式(认知重构、接受等)呈正相关。此外，乐观者的应对方式并不死板，他们在不同的情况下使用不同的应对方式(Solberg Nes & Segerstrom, 2006)。比如，面对那些自己可以掌控的压力情境(如学业任务)，他们会选择问题中心型应对方式；面对那些自己无法掌控的压力情境(如痛失亲人)，他们会更多地依靠情绪中心型应对方式。

另外，乐观者在认知上的偏好也是他们更加健康、快乐的秘诀之一。一项有关气质性乐观与压力感(perceived stress)之间关系的研究发现，乐观者之所以感到压力更小，并不是因为他们实际上获得很多社会支持，而是因为他们觉得自己获得很多社会支持(Vollmann et al., 2011)。有 88 对恋人(交往至少一年的男女朋友)参加了这项为期 3 个月的纵向研究，在研究初期(时间点 1)，研究者评估了他们的气质性乐观，并要求他们报告自己在伴侣遇到困难时提供帮助的程度(施与者角度)，以及伴侣在自己遇到困难时提供帮助的程度(接受者角度)。从施与者角度报告的帮助伴侣的程度是对方实际上获得的支持水平，而从接受者角度报告的得到伴侣帮助的程度是主观体验到的支持水平。在研究末期(时间点 2)，研究者测量了被试的压力感。需要注意的是，主观体验到的支持水平(而不是实际获得的支持水平)在气质性乐观与压力感之间起中介作用。这项研究给我们的启示是：实际提供了帮助，但对方不知道，就不能缓解对方的压力；只有知道有人提供了支持，个体才能在困难面前挺直腰杆。正因为乐观者很容易就能感受到对方提供的帮助，而悲观者不一定能感受到这种助益，所以乐观者比悲观者更少感觉到压力。

4.6 气质性乐观与亲密关系

人类生活的一个重要主题就是建立亲密关系，而最重要的一种亲密关系就是婚姻关系。乐观的个性在婚姻中有什么好处吗？当然有。

有研究发现，气质性乐观与建设性的冲突解决方式有关，而最初的对婚姻关系的乐观预期则与消极的应对方式有关(Nef & Geers, 2013)。研究者以新婚夫妇为对象开展纵向研究，结果发现，在日常生活中从伴侣处得到消极的对待时，气质性乐观水平高的人依然能坚持采取积极的措施来解决争端，而气质性乐观水平低的人面对这样的情况时会逐渐放弃理性的应对，而且当得到的消极对待增加时，他们的行为方式也会变得更加不友好。在实验室中与伴侣讨论重要的婚姻问题时，乐观者也显示出更多建设性的问题解决手段(建设性行为：弄清楚问题的性质、提供应对问题的方案和计划、向伴侣传达理解和支持、表达鼓励和共情；破坏性行为：直接批评、指责和拒绝伴侣、间接地挖苦、推卸责任、有敌意地质疑)。而且,结婚一年后,乐观者对婚姻幸福体验的减弱程度也比较小。有意思的是,与气质性乐观这种积极的泛化预期不同,刚结婚时对婚姻关系本身持乐观预期似乎对婚姻没多大好处。在实验室中讨论婚姻问题时,最初对婚姻持积极预期的人应对日常生活中出现的冲突时,使用的应对方式都没有多少建设性,一年后他们对婚姻的幸福体验也出现更大的落差。这样看来,在婚姻关系中气质性乐观是一种精神财富,有着难能可贵的疗愈作用;但对婚后状况本身的乐观预期则带有风险性,因为希望越大,失望越大。

还有研究发现,乐观是一种温和而略带支配性的人际风格,这种人际风格会带来对方的善意行为(如合作和信任等)。悲观则是一种冷淡的、带有敌意且比较被动的人际风格,这种人际风格会导致疏远、争吵和批评。因此,乐观与较多的社会支持和较少的负面社交经验(如冲突)相伴随,悲观则恰恰相反(Smith et al., 2013)。这项研究通过对中老年夫妻展开调查,结果还发现,在婚姻关系中,夫妻双方的乐观水平不仅会影响自己的婚姻满意度和适应度,而且会影响对方的婚姻满意度和适应度,在婚姻中乐观的人不仅自己感到满意和适应,而且让对方感到满意和适应。悲观水平越高,越容易对婚姻感到不满意和不适应。另外,越是乐观的人,越容易感受到对方的支持行为,越不容易感受到冲突;悲观的人则恰恰相反。总之,这项研究的结果显示,乐观者在人际交往中很有优势,他们的行为风格会给自己带来人际上的便利,悲观者的行为风格则会给自己招致麻烦。乐观者的这种优势也表现在婚姻关系中,不论是男性还是女性,乐观总伴随着更好的婚姻体验。看来,乐观确实是保护婚姻的一个重要因素。

4.7 气质性乐观的负面效应

乐观者对未来广泛的积极预期能让他们在面对困难的境况时更加

坚持和努力，悲观者对未来广泛的消极预期则让他们特别容易放弃和退缩。在学业、人际关系和健康等领域，乐观者的这种特点在绝大多数情况下都是有益的，因为很多有益的目标都需要坚持和努力。因此，在大多数情况下，气质性乐观都是较为理想的生活状态的保证。不过，乐观真的没有什么负面效应吗？换句话说，乐观的性格是不是在任何情况下都有好处？当然不是，因为不是所有的目标都值得坚持和努力，比如赌博。有研究者明确指出，在赌博这种情境中乐观的天性是没任何好处的（Gibson & Sanbonmatsu，2004）。因为乐观者对下一次的结果总抱有积极预期，就算这一次的结果不好，乐观者也比悲观者更舍不得减少筹码，更加难以放弃。

在赌博的情境下，坚持不懈并不能保证一定得到好结果，此时气质性乐观水平高的人更容易陷入泥潭。研究者发现，气质性乐观与赌博预期呈显著正相关，而且这种效应在有过输钱经历的群体中更明显（Gibson & Sanbonmatsu，2004）。这说明，越是乐观的赌博者，越相信自己会赢钱。输钱的经历不仅没有让乐观者降低这种预期，反而让他们更加期待好结果，他们更容易相信自己会取得长远的“胜利”。研究者设计了模拟的赌博情境，在这种情境中，悲观者在失利后会减少赌博行为，而乐观者不太受到失利的影响。而且，悲观者更容易想到失利的情形，他们回忆的输的次数比实际情况要多，回忆的赢的次数比实际情况要少，乐观者则恰恰相反。可见，乐观者更多地看到有利因素，进而更有理由保持积极的预期，更没有理由放弃。乐观这种在逆境中坚持不懈的品质也会让人在赌博中执迷不悟，悲观的预期反而能够让人清醒、解脱。

另外，在绝无可能反转的极端逆境下抱有积极预期也不太会带来积极的体验。有研究显示，在临近死亡这种极端条件下，气质性乐观可能会加剧生活质量的下降（Zaslavsky et al.，2015）。这项研究的数据来源于一个大型的妇女健康倡导临床实验。主体实验始于1993年，于2005年结束，涉及来自全美国40个临床机构的68 133名老年妇女，参与者的年龄介于50～79岁。之后，从2005年到2010年又进行了后续的实验，在此期间共有6 276名老人陆续离世，其中只有2 069名老人有确定的死亡时间记录、气质性乐观评定，以及2005—2010年至少一次的生活质量测评，研究者重新分析这些相关数据，以揭示气质性乐观对晚年生活质量变化的作用。研究者把晚年生活质量的降低分成两种：一种是与年龄有关的降低，即实际年龄越大，生活质量越低；另一种是与死亡有关的降低，即临近死亡的时间越近，生活质量越低（在这项研究中，临终前8年的生活质量平均数为7.7，到临终前1年这个数值降到6.1）。研究者发现，临近死亡对生活质量的影响要远远大于年龄增长，因为数据显示，临近死亡1年导致的生活质量的降低是实际年龄增长1岁的4倍。在这项研究中，气质性乐观似乎丧失了它的正能量，乐观者因临近死亡而产生的生活质量的降低程度要比悲观者更甚，当然，随着离死亡越来越近，乐观者和悲观者的这种差异也逐渐消失。可见，对临近死亡的人而言，对未来抱有广泛的积极预期实际上是一件比较残忍的事情。这也足以说明，乐观并不是在任何情况下都具有积极效用。

4.8　气质性乐观的来源

乐观的性格源于何处？有研究表明，这种性格在很大程度上是遗传的。双生子研究为这种观点提供了坚实的证据（Alessandri et al.，2010；Mosing et al.，2009）。一项研究在50年间对3 055名被试（包括501对女性同卵双生子、153对男性同卵双生子、274对女性异卵双生子、77对男性异卵双生子、242对龙凤胎，以及561名单独前来的双生子）施测了生活倾向量表，所得数据显示，遗传因素能够解释生活倾向量表得分中36%的变异（Mosing et al.，2009）。另一类研究从基因入手，寻找乐观性格的根源。有研究者则声称找到了与气质性乐观有关的基因——催产素受体基因(Saphire-Bernstein et al. ,2011)。催产素受体广泛存在于边缘系统和前脑腹侧,它的分布密度和受体活性可能会影响个体的社会行为。催产素受体与气质性乐观的关系可以简单描述为:在催产素受体单核苷酸多态性中 rs53576 位点上,如果个体携带 A 等位基因,那么他的气质性乐观水平要低于在该位点上携带 GG 型基因的个体。有些研究者强调后天因素,比如家庭经济水平、同伴关系、父母的影响等。有研究揭示出儿童时期的家庭经济水平与个体成年后乐观性格的关系(Heinonen et al. ,2006)。这项研究调查了 694 名成年人 3～6 岁时的家庭经济水平,以及 23 年后他们的气质性乐观水平,结果显示,儿童时期的家庭经济水平能够预测将来的气质性乐观水平,早期家庭比较富裕的孩子,成年后乐观水平比较高。

另有研究者指出,家庭和同伴都会对个体气质性乐观的发展产生积极或消极的影响(Orejudo et al. ,2012)。研究者招募了 386 名初中生参与调查,通过问卷评估他们与父母的沟通和冲突情况,以及与同伴的积极事件(同伴对自己很好)和消极事件(被同学欺负)。结果发现,同伴消极事件与初中生气质性乐观呈显著负相关(男生:r=－0.303;女生:r=－0.231),而同伴积极事件仅在男生中与气质性乐观呈显著正相关(男生:r=0.390;女生:r=0.103);和父亲的沟通与气质性乐观呈显著正相关(男生:r=0.215;女生:r=0.213),和母亲的沟通则与气质性乐观不存在这种显著相关;和父母的冲突仅在女生中与气质性乐观呈显著负相关(男生:r=－0.009;女生:r=－0.275)。这些结果说明,在气质性乐观的形成过程中,与同伴的消极事件(被欺负)以及和父母的冲突都属于不利因素,会妨碍个体获得预期积极结果的认知倾向;与同伴的积极事件(同伴对自己很好)以及和父亲的沟通则属于有利因素,会促进气质性乐观的形成。但是,在这项研究中,和父母发生冲突的消极作用只影响女生,同伴友好行为的积极作用只影响男生。总之,这项研究给我们呈现的信息是,乐观性格的形成过程受很多因素的影响,而这些因素的影响机制是分性别的，女生的乐观受父母（主要是父亲）的影响稍大一些，而男生的乐观受同伴（主要是友好行为）的影响稍大一些。

还有研究招募了422对父子，评估父亲的气质性乐观、在家庭中的情绪表达，以及孩子的气质性乐观，结果显示，父亲的气质性乐观与孩子的气质性乐观呈显著正相关，而父亲在家庭中的情绪表达在两者的关系中起中介作用（Yu & Ko, 2013）。也就是说，气质性乐观水平比较高的父亲，在家庭中有更多的积极情绪表达，更少的消极情绪表达，这种情绪模式进而促进他的孩子拥有比较高的气质性乐观水平。这项研究肯定了父亲在孩子性格形成过程中的作用，父亲的乐观性格实际上可以传递给下一代，这种传递不一定非要通过基因遗传来实现，还可以通过情绪表达的模式在日常生活中潜移默化地影响孩子。

4.9 乐观可以改善吗

对于这个问题，卡弗和沙伊尔的答案基本上是否定的，因为在他们眼中，气质性乐观是一种人格特质，而人格特质是相对稳定的，没那么容易改变（Scheier & Carver, 2014）。这个答案多么令人可惜。如果一个人没有发展出乐观的性格，就只能眼巴巴地羡慕别人吗？有研究者并不甘心，摆脱了人格特质这一桎梏，开发出一套程序，自称能够即时提高乐观水平（Peters et al., 2010）。当然，他们开发这套程序不仅是为了让人能体验到乐观，而且有进一步探索乐观这一心理现象的意图。我们已经知道，作为一种人格特质，气质性乐观与许多积极结果有关。但我们并不能确定，到底是乐观带来了这些积极结果，还是这些积极结果本身的存在带来了乐观。而且，由于气质性乐观与情绪有密切的关系，而积极情绪也与许多积极结果有关，因此也有可能带来积极结果的并不是气质性乐观，而是与它相伴随的积极情绪状态。简而言之，之前使用生活倾向量表开展的乐观研究只能进行相关分析，但这种分析很难确定乐观与积极结果之间的因果关系。要走出这样的困境，最好的办法是开发出一种可以即时提高乐观水平的实验程序（Peters et al.，2010）。

实际上，研究者开发出来的程序并不是原创，他们是从已有的各种程序中找出最符合标准的一个，然后稍加修改。他们依据的标准就是这套程序涉及的内容和操作必须最接近气质性乐观的界定，即对生活领域中积极结果的泛化预期。最终，最佳可能自我（best possible self，BPS）程序满足了研究者的要求（King，2001）。最佳可能自我程序要求被试畅想自己的美好未来（自己各方面都处于最佳状态和条件），并把这些想象写下来。写作时间为 20 分钟，持续 4 天。通常，研究者还会设置一个对照程序，称为“典型的一天”（typical day，TD）。该程序要求被试畅想自己通常情况下一天的一般经历，并把这些想象写下来，写作时间和日程与最佳可能自我程序完全一致。典型的一天程序和最佳可能自我程序总是在研究中进行配套设置（前者作为控制组，后者作为实验组），用以彰显最佳可能自我程序的效应。研究者对原初的最佳可能自我程序作了一定修改，整套程序就变成 1 分钟的初始表象加上 20 分钟的写作，再加上 5 分钟的精致表象（Peters et al.，2010）。请看以下最佳可能自我程序的指导语，它可以帮助我们理解整个操作过程。

最佳可能自我（BPS）。下面请在心中畅想一下最佳可能自我，时间为 1 分钟，然后把这些内容写下来。畅想最佳可能自我，其实就是想象将来某个时候的自己，那个时候，所有事情都有了最好的结果。经过奋力拼搏，你达成了自己所有的人生目标，实现了自己的梦想，并充分发挥了自己的潜能。仔细想想这些，你就知道什么是自己人生之路的最佳发展方式。现在，请开始想象，等时间到了，我会提示你开始写作。

典型的一天（TD）。下面请在心中描绘一下自己生活中典型的一天，时间为1分钟，然后把这些内容写下来。描绘自己典型的一天时，请注意自己在日常生活中通常没有注意到的那些细节，描绘的内容应该包括那天你参加的活动(课程或会议等)、碰到的人、做的事情，以及当天的一些想法等。想象这些，就好像你在一小时一小时地度过那一天。通过这种想象，你就知道自己通常是怎么度过一天的。现在，请开始想象，等时间到了，我会提示你开始写作。

1分钟后。现在，请开始写作"最佳可能自我"(或"典型的一天")，时间为15分钟。这个任务唯一的要求就是在这15分钟里你要不断地写。如果你觉得实在写不出什么了，就把刚才描述过的内容再写一遍，直到15分钟结束。不用担心语法对不对，字写没写错，句子通不通顺。放心涂改，也可以划叉。尽情写，为自己写，写完之后并不需要上交。如果你想再看一遍指导语，它就在你桌面的纸上。当时间到了，我们会提醒你停笔。好，现在开始动笔。

15分钟后。时间到，写完最后一个句子后请停笔。现在，请你尽可能生动形象地在脑海中想象刚才所写的内容。想象最佳可能自我(或典型的一天)5分钟，想出的细节越多越好，时间到了我会提醒你停止想象。现在，请开始想象吧。

对研究程序进行修改后，研究者检验了最佳可能自我程序的效果(Peters et al., 2010)。他们将44名参与者分配到最佳可能自我程序组，将38名参与者分配到典型的一天程序组，并在两种程序实施前后给他们施测简版积极—消极情绪量表(Positive Affect and Negative Affect Schedule, PANAS)(MacKinnon et al., 1999)和主观概率测试(Subjective Probability Test, SPT)(MacLeod, 1996)。简版积极—消极情绪量表测量状态情绪，其中5个题目测量积极情绪(如兴奋)，5个题目测量消极情绪(如悲哀)，被试在5点利克特量表上评价自己当前的情绪。主观概率测试测量状态乐观，即当下对未来积极结果和消极结果的预期，共 30 个题目，其中 20 个题目涉及消极预期（如“你会出现健康问题”“事情不会像你希望的那样发展”），10 个题目涉及积极预期（如“你能很轻易地应对这些压力”“人们会欣赏你”），被试在 7 点利克特量表（根本不可能发生—极有可能发生）上评估自己经历这些事情的可能性。研究结果显示，最佳可能自我程序组在状态情绪和状态乐观上都有更大幅度的提升，而且状态乐观的提升与情绪无关。这项研究说明，最佳可能自我程序确实可以暂时提升个体的乐观水平。之后不久，另有研究显示，单纯通过想象最佳可能自我就能产生乐观增强效应（Meevissen, Peters, & Alberts, 2011）。研究者让被试想象最佳可能自我和典型的一天，每天想象 5 分钟，持续两周。其间，有两次对乐观水平和情绪的评估。研究结果显示，想象最佳可能自我能够显著提升乐观水平，而且乐观水平提升的幅度比想象典型的一天提升的幅度要明显更大。

最佳可能自我能够显著提升暂时性的乐观水平，那么这种暂时性的乐观与气质性乐观有没有本质上的联系呢？有关这一点，目前已经有证据显示，这种暂时性的乐观能让人产生与气质性乐观者类似的认知偏好。比如，有研究者通过眼动研究发现，最佳可能自我程序引起的暂时性的乐观与气质性乐观一样，有着相似的注意偏好（Peters, Vieler, & Lautenbacher, 2016）。这项研究招募了 56 个健康的成年人，让他们完成两次眼动任务，在任务中，他们需要凝视 4 种不同表情（包括快乐表情、愤怒表情、痛苦表情和中性表情）的人脸图片。研究结果显示，在第一次眼动任务中，乐观者在快乐表情面孔上凝视的时间更长一些。完成第一次任务之后，被试接受了最佳可能自我程序和典型的一天程序，结果中有迹象表明，乐观水平暂时提升的被试在消极表情面孔上凝视的时间变短了，在快乐表情面孔上凝视的时间则变长了。另一些研究则发现，正如气质性乐观者对疼痛不敏感，即时启动的乐观也会让人更能够忍受疼痛，具体表现为，比起典型的一天程序组，最佳可能自我程序组在同样的疼痛刺激中报告的疼痛体验更少（Boselie et al.，2014；Hanssen et al.，2013）。

4.10 本章小结

卡弗和沙伊尔认为，人的一生都在追求各种目标。在追求目标的过程中，人会产生有关目标能否达成的预期，这种预期会影响自己追求目标的动机。如果对达成目标有充分的自信（积极预期），人就会充满斗志；如果对达成目标感到怀疑（消极预期），人就可能提不起干劲。因此，对目标能否达成的预期会在很大程度上影响人的目标追求。卡弗和沙伊尔由此提出一个概念——气质性乐观，并将其定义为“一种对个人未来积极结果的泛化预期”。泛化意味着，这种积极的预期并不是针对某一具体生活事件，而是对未来所有事件的一种朦胧的感受。乐观者可能并不是能力超强的人，他们胜在一如既往地坚持努力学习并达成工作目标。

气质性乐观的评估工具叫作生活倾向量表。卡弗和沙伊尔认为，生活倾向量表测量的气质性乐观是一个单维度结构，这个维度的一端是极度乐观，另一端是极度悲观，大部分人都处在这两端之间，人到底是偏向乐观还是偏向悲观主要看他离这两个端点的远近。但也有研究者认为，实际上生活倾向量表应该是一个双维度结构。乐观和悲观是有一定相关但又相对独立的特质，不能简单认为乐观程度低就等同于悲观程度高，悲观程度低就等同于乐观程度高。另外，虽然气质性乐观是一种对未来积极结果的泛化预期，但被试在回答生活倾向量表时参考的生活内容并不限于将来的事情，也涉及过去和现在发生的事情。

有研究者试图考察气质性乐观与五因素人格维度的关系，但是没有得到一致的结果。卡弗和沙伊尔并不支持把气质性乐观放在五因素人格维度的框架中去考察，他们觉得两者反映了不同的动机领域：五因素人格反映了动机是什么的内容，气质性乐观则反映了动机如何形成的问题。乐观者更容易知觉到积极信息，因此他们更容易有好心情，更多看到自己的进步，甚至更能够忍受疼痛。乐观者也会有更好的人际关系和更健康的身心，因为他们能够坚持执行正确的行为。但是，在有些情况下乐观也会带来不好的结果，比如赌博和临近死亡。

双生子研究和基因研究发现，乐观的性格在很大程度上来自遗传，催产素受体基因就是一种与乐观存在关联的基因。另外，家庭经济水平、同伴关系和父母等因素也会对乐观性格的形成产生比较大的影响。卡弗和沙伊尔认为，气质性乐观是一种人格特质，一旦形成就不容易改变。但这种观点会让希望改变的人非常失望，因此有研究者开发出一套程序，自称能够提升乐观水平。这套程序叫作最佳可能自我程序，它通过让人写出并想象与自己有关的好结果来实现对乐观水平的提升。

5 希 望

几乎在卡弗和沙伊尔开发生活倾向量表，开展气质性乐观研究的同一时期，堪萨斯大学的斯奈德(C. Richard Snyder)教授开始了有关希望的研究。斯奈德在南卫理公会大学获得学士学位，在范德堡大学获得硕士学位和博士学位。1972年，他来到堪萨斯大学工作，直至去世。他的研究涉及临床心理学、社会心理学、人格心理学和健康心理学。斯奈德教授于2006年因癌症去世，享年61岁。他带着病痛开展工作，但很少跟人说起自己的病。他的朋友兼同事希金斯(Ray Higgins)教授认为，斯奈德在学术上的探索和建树可能就脱胎于他与疾病抗争的经历。在去世的前两年，他告诉记者："我没有什么宏大的计划，只有一个小目标，就是让自己周围的一部分人生活得更有希望一些。我相信这会产生一种扩散效应，大家会逐渐把希望传递给更多的人。所以，只要把希望带到世间的一个小角落，它最终可能会让这个世界变得很不一样。"斯奈德教授享有良好的声誉，他是积极心理学运动的先锋，他开创的有关希望的研究是自己与疾病作斗争的武器，也是心理学研究的宝贵财富。本章将介绍他是如何看待希望的。

5.1 希望是什么

电影《肖申克的救赎》中有一句著名的台词：希望(hope)是个好东

西，也许是世上最好的东西，而好东西永不消逝。神话故事中也有关于希望的描述。1991年，斯奈德及其同事发表了一篇有关希望的论文《意愿和方式：希望的个体差异测量的开发和验证》（*The Will and the Ways: Development and Validation of an Individual-differences Measure of Hope*），该论文就是从一个著名的神话故事开始的（Snyder et al.，1991）。故事讲述神王宙斯对普罗米修斯和人类的报复。普罗米修斯为人类盗取火种，这让宙斯深恶痛绝，他也由此怨恨拥有火种的人类。为了惩罚普罗米修斯，他让秃鹫每天啄食普罗米修斯的内脏。为了惩罚人类，他创造出一个名叫潘多拉的女子，将其送到人间，给普罗米修斯的弟弟伊皮米修斯做妻子。潘多拉生了七个孩子，这些孩子一出生就被宙斯封印在一个盒子里，后被人称为潘多拉魔盒。潘多拉控制不住对孩子的思念，偷偷将盒盖打开一条缝，想看看他们。于是，她的六个孩子（贪婪、杀戮、恐惧、痛苦、疾病、欲望）化作一团飞了出来，从此祸乱人间。惊恐之下，潘多拉迅速合上盖子，把唯一的好孩子（希望）关了回去。电影和神话故事都把希望描述成最好的事物。那么，心理学如何界定希望？抱有希望是否真的能够给人带来好结果？

希望是一种“心中所想的事情会发生”的感觉。所谓“心中所想的事情”不就是人的目标吗？因此，早期学者把“心中所想的事情”换成更为学术化的概念——“目标”，于是希望就可以被界定为一种感到目标会实现的主观预期（Erickson，Post，& Paige，1975；Gottschalk，1974；Melges & Bowlby，1969）。研究者发现，那些具有躯体障碍和精神障碍的人一般不相信自己的目标能够实现，反过来说就是，那些抱有希望，对目标实现有较高预期的人，身体上或心理上的不适症状也会比较少。可见，早期有关希望的研究表明，抱有希望至少拥有对某些消极现象产生免疫的效用，希望确实是个“好东西”。如今，有关希望的研究以斯奈德等人的界定和研究方法为主流（Snyder et al.，1991）。他们认为，早期研究者对希望的认识只强调人对目标能否实现的预期，但希望还应该涉及人对实现目标的途径的认知。也就是说，一个人抱有希望，不仅意味着他相信目标会实现，而且意味着他相信自己能够想出实现目标的办法。因此，他们重新界定了希望。在新的界定中，希望是将人的行为导向目标实现的认知机能，它包含两个相互关联的认知元素：一个是动力(agency)感，即感觉自己有决心去实现过去、现在和将来的各种目标，这种认知具有动机功能，可以启动和维持个体实现目标的行为；另一个是途径(pathway)感，即感觉自己能够构思实现目标的路径，能够想出足够的办法来实现各种目标。

动力感和途径感是互相促进的。成功的决心会促使人去思考实现目标的途径，而想出实现目标的办法则会进一步强化成功的决心，在实现目标的过程中，这两种认知元素的效应反复叠加，推动个体的行为。因此，希望是动力感和途径感的共同体，两者缺一不可。人们通常所说的"有志者，事竟成"只强调了决心和动力，忽略了途径和方法的重要性。《三国演义》中，刘备的决心是毋庸置疑的，但在找到能够帮助自己的人之前，他也感觉没有希望。因此，只有决心不能算是心怀希望。有些空想家觉得自己能想出很多办法来实现目标，却没有动力付诸行动，这种心态也不能算是心怀希望。既有决心又有办法，才算是心怀希望。因此，希望的准确定义是：一种积极的动机状态，这种状态基于两种相互衍生的认知，即成功的动力(实现目标的决心)感和途径(实现目标的计划)感。

5.2 希望理论

上述希望的定义有三个基本要素：目标、动力感和途径感。其中，目标是希望理论的起点。希望理论涉及的目标既可以是短期目标，也可以是长远目标；既可以是最终的总目标，也可以是阶段性的小目标。不管是哪种目标，都必须具备两个条件：第一，它对个体而言足够重要，值得一定程度的重视，能够吸引个体的注意；第二，实现这个目标时有一定程度的不确定性。如果一个目标很重要，但几乎不可能实现，那么坚持这个目标只会让人感到沮丧和绝望。反过来，如果个体觉得这个目标确定无疑会实现，那么他相应的动机也不会很强。总的来说，希望理论中的目标至少要有中等程度的重要性和实现的可能性。

途径感或途径思维，即个体相信自己能想出切实可行的办法去实现目标，对于维持希望感至关重要。只有知道通往目标的道路，人们才会行动起来。想要实现一个目标，但不知道该怎么做，这样是没有希望感的。“先赚一个亿”这样的“小目标”大家都想实现，但很少有人相信自己能走到这一步，因此真正有所行动的人并不多。途径思维实际上是个体对自己方案储备的判断。在追求目标的过程中，最好有多个方案，当其中一个方案行不通的时候，有备选方案就能维持希望感，反之就会有黔驴技穷之感。为了探讨癌症应对行为，有研究者曾调查过一组女大学生，结果显示，希望水平较高的女大学生有关癌症的知识更加渊博，知识能让人想出更多应对策略，并因此更有希望感（Irving, Snyder, & Crowson, 1998）。最初的途径思维起源于新生儿意识到有些事物具有时间上的伴随性，一件事情与另一件事情总是同时或相继出现，这种体验最终会让个体明白事物之间的相关关系和因果关系，即明白 a 事件可以引发 b 事件，如果想让 b 事件发生，可以通过 a 事件来促成。比如，婴儿发现自己大哭时，总会有人来喂奶，于是一旦婴儿肚子饿了想吃奶，就会大哭。在这里，哭就是婴儿达到目的的手段。在成长过程中，通过自主发现或学习，个体会掌握许多有关事物之间关系的知识，因此储备了许多实现目标的手段。在这个过程中，个体对自己想出办法的能力逐渐有了稳定的认识，从而形成特质性的途径思维。

动力感或动力思维对于维持希望感也非常重要。在实现目标的过程中，除了要知道自己有不少办法去实现目标，还必须有动力通过这些办法朝向目标。在希望理论中,动力体现为一种"我一定能实现目标"的决心。动力思维意味着,个体相信自己能够按照既定的方略启动并维持行为以实现某一目标,一般表现为"我知道我能行"和"我一定能做到"等自我激励的言语。当遭遇失败或干扰时,动力思维能让个体按照新的方略继续朝着目标前进。最初的动力思维起源于新生儿意识到自己和其他事物(包括自己的抚养者)是分离的,而且自己的行为可以使某些事情发生,即自己是一系列具有因果关系的事件的策动者。婴儿发现,他能通过一定的方式(如哭泣)来让别人照顾自己,给自己吃的,解决一些令自己不舒服的问题。这种体验让婴儿逐渐形成"我能……"的思维倾向,这种独立意识和主动意识就是动力思维的雏形。在成长过程中,个体解决遇到的问题的体验都会强化"我能……"的思维倾向,进而强化动力思维。在这个过程中,"我能……"的思维倾向逐渐发展成稳定的认识,从而形成特质性的动力思维。在人的整个童年期和成年期,途径思维和动力思维相互影响、共同发展,而特质性的途径思维和动力思维就是这种交互动态发展的结果。

图 5-1 是在追求目标的过程中,途径思维和动力思维的运作过程图解(Snyder et al., 2000)。整个图解可分成学习历史(learning history)、事前(pre-event)和事件序列(event sequence)三个部分。学习历史部分指出,特质性的途径思维和动力思维是所有目标导向行为的起点,图中两者之间交互式的箭头表示它们在发展成型的过程中始终相互影响。因此,个体在实施任何具体的目标追求行为之前,都有既定程度的一般性途径思维和动力思维,它们从幼儿期就开始发展,直至当前的水平。这种一般性的途径思维和动力思维,又会影响事前部分的结果价值(outcome value)评估。这里的事前,是指付诸行动追求目标之前。结果价值评估是指,判断实现这个目标对自己有多大价值或意义,只有目标具有一定价值或意义时,才会引起个体的持续关注。因此,付诸行动之前,个体要先评估这个目标是否值得追求。如果答案是"值得",个体

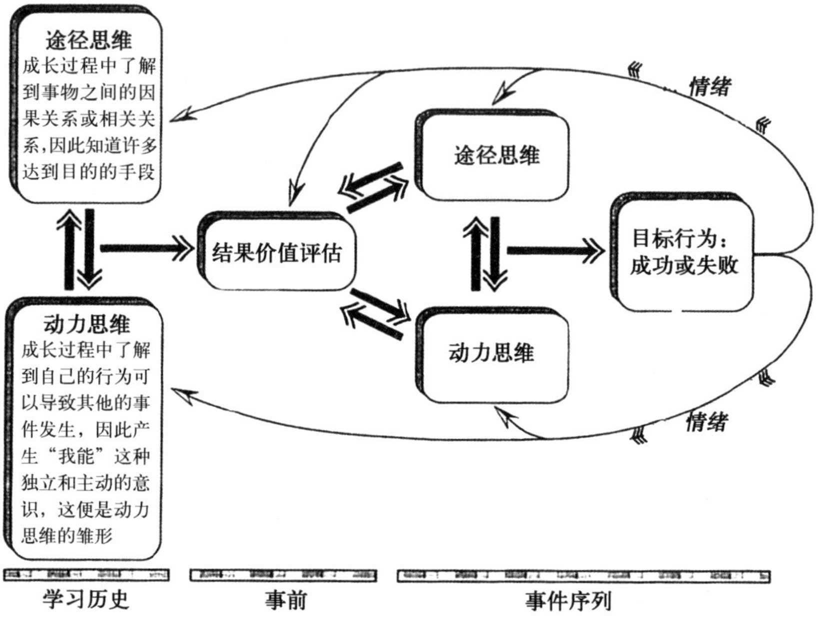

图 5-1　途径思维和动力思维的运作过程图解

就会付诸行动。一旦付诸行动追求目标,就进入事件序列部分。在这一部分,针对当前的目标活动,个体会持续进行途径("我有没有办法")和动力("我能不能行")的思考,这两种思考在追求目标的整个过程中不断相互影响,同时也与结果价值评估不断相互影响,启动并维持目标追求行为。三者之间的这种相互影响的关系在图中也用交互式箭头表示。目标追求行为最终会产生一个结果,要么实现目标,要么没有实现目标。图中从左到右的粗线条箭头就反映了这样一个过程。值得注意的是,实现目标或没有实现目标并不意味着事情的完结,它会引发相应的情绪反应,还会对整个过程各部分的元素产生反作用。也就是说,目标实现与否的结果反过来会影响一般性的途径思维和动力思维、结果价值评估,以及对当前目标的途径思维和动力思维。图中从右到左的细线条箭头就反映了目标结果的反馈效应。

5.3 希望的评估方式

提出希望理论的同时，斯奈德及其同事也开发出希望量表(Hope Scale)(Snyder et al.，1991)。随后，他们又开发出专门评估即时希望水平的状态希望量表(State Hope Scale)(Snyder et al.，1996)，评估儿童希望特质的儿童希望量表(Children' Hope Scale)(Snyder et al.，1997)，以及针对某些特定领域希望水平的特定领域希望量表(Domain Specific Hope Scale)(Lopez et al.，2000)。下面详细介绍这四种量表。

希望量表。评估一般性的希望信念，包括途径思维和动力思维，属于人格特质的测量。希望量表一共有 12 个题目，评估动力思维的题目有 4 个，其中 1 个题目描述过去的情况(“回顾过去，我的人生相当成功”)，2 个题目描述现在的情况(“我精力充沛地追求目标”和“我正在实现自己设定的目标”)，1 个题目描述未来的情况(“过去的经验很好地塑造了我，让我有把握应对未来的挑战”)。评估途径思维的题目也有 4 个(如“我可以想出很多办法脱离困境”)。还有 4 个补充题目(如“我担心自己的健康”)。被试在 4 点利克特量表上记分，数值表示每个题目在描述自己时的正确程度(1＝完全不正确；2＝不正确；3＝正确；4＝完全正确)。总量表和途径思维和动力思维两个分量表的克龙巴赫 α 系数均在 0.70 以上，总量表三周后的重测信度为 0.85，八周后的重测信度为 0.73，十周后的重测信度为 0.82，这些数据显示，希望量表具有良好的内部一致性信度和重测信度。探索性因素分析的结果显示，希望量表具有途径思维和动力思维两个因子，这两个因子之间呈中等程度的正相关，说明两者既有联系，又相对独立。还有数据显示，正在接受心理治疗的大学生比一般的大学生在希望量表上得分低。这些数据说明，希望量表具有良好的结构效度。总之，希望量表具有良好的心理测量学品质。

状态希望量表。评估当下针对具体目标的途径思维和动力思维，它测量的并不是一种特质，而是一种状态性的信念。状态希望量表要求被试花时间想一想目前自己的生活中正在发生的事情，一旦产生当下的体验，马上阅读量表中的每个题目并根据自己的情况在 8 点利克特量表上评估每个题目在描述自己时的正确程度(1＝完全不正确；2＝大部分不正确；3＝部分不正确；4＝些许不正确；5＝些许正确；6＝部分正确；7＝大部分正确；8＝完全正确)。量表一共有 6 个题目，评估途径思维的题目有 3 个(如“我可以想出很多办法来实现当前的目标”)，评估动力思维的题目也有 3 个(如“当前我正精力充沛地追求目标”)。总量表和两个分量表的克龙巴赫 α 系数均在 0.70 以上，验证性因素分析的结果显示，双因子结构(途径思维因子和动力思维因子)能够最好地拟合数据。状态希望量表与特质希望量表的相关系数为 0.78，这一结果符合理论预期。因为特质希望为状态希望限定了范围，无论状态希望如何波动，都不可能超出这个范围。一个特质希望水平很高的人，即使受到挫折导致希望水平下降，依然会比同等条件下的其他人的希望水平要高。总的来说，状态希望量表也具有良好的信度和效度。

儿童希望量表。专门评估儿童或青少年的动力思维和途径思维倾向。儿童希望量表一共有 6 个题目，3 个题目评估动力思维，3 个题目评估途径思维。儿童希望量表采用 3 点利克特量表评分(1＝从来没有；2＝有时这样；3＝总是这样)。斯奈德认为，应该将人们在这个量表上 6 个题目的得分加起来获得一个希望水平的总分。儿童希望量表的心理测量学品质也比较有保证：内部一致性系数为 0.72～0.86，一周后的重测信度为 0.71，一个月后的重测信度为 0.73(Snyder, 2005)。

特定领域希望量表。评估某一具体领域的希望认知水平，涉及社交、学业、恋爱关系、家庭生活、工作、闲暇活动 6 个生活领域。其中，社交领域包含 8 个题目，如“我能想出很多办法交到朋友”(途径思维)，“我积极地追求友谊”(动力思维)，等等。学业领域包含 9 个题目，如“我能想出很多办法获得好成绩”（途径思维），“我积极追求自己的学习目标”（动力思维），“我制定的学习目标清晰而明确”（目标思维），等等。恋爱关系领域包含 8 个题目，如“我有很多办法去认识我喜欢的人”（途径思维），“只要我下定决心，就能约到自己心仪的人”（动力思维），等等。家庭生活领域、工作领域和闲暇活动领域均是如此，将希望量表中的题目修改为特定情境中的表述。答题者在 8 点利克特量表上评估每个题目在描述自己时的正确程度（1＝完全不正确；2＝大部分不正确；3＝部分不正确；4＝些许不正确；5＝些许正确；6＝部分正确；7＝大部分正确；8＝完全正确）。

5.4 希望、气质性乐观与自我效能感

研究者曾把希望和其他几种涉及认知的理论放在一起加以比较，分析每种理论各自强调哪些认知过程（Snyder et al.，2000）。这些理论包括解释风格（Seligman & Teasdale，1978）、气质性乐观（Scheier & Carver，1985）、自我效能感（Bandura，1982）、自尊（Hewitt，1998）和问题解决（Heppner & Hillerbrand，1991），这些理论可能涉及的认知包括归因、结果价值评估、目标相关思维、动力思维和途径思维（见表 5－1）。表中的空白表示，位于该列的理论并不涉及位于该行的认知操作，例如表中希望和归因交叉的那一格为空白，意味着希望理论并不涉及归因这一认知操作。“√”表示，位于该列的理论暗含位于该行的这一认知操作，但没有明确的表述，例如大部分自尊理论都没有明确表示自尊与目标有关，但都承认追求目标的活动会引发与自尊有关的体验（Hewitt，1998）。“√√”表示，位于该列的理论对位于该行的这一认知操作有明确的表述，例如气质性乐观是对积极结果的泛化预期，积极结果这一表述就是明确的价值评估。“√√√”表示，位于该列的理论不仅对位于该

行的这一认知操作有明确的表述，而且将其视作理论的重点，例如动力思维和途径思维就是希望理论的两个核心概念。从表 5-1 可以看出，希望、气质性乐观和自我效能感三个理论几乎涉及完全一致的认知操作：结果价值评估、目标相关思维、动力思维和途径思维。它们之间的不同仅在于对途径思维的重视程度不同，希望理论将途径思维视为核心概念，自我效能理论虽然明确描述了途径思维，但重视程度稍微减弱，气质性乐观理论则对途径思维没有明确的表述。

表 5-1　希望、解释风格、气质性乐观、自我效能感、自尊与问题解决

涉及的认知操作	理论					
	希望	解释风格	气质性乐观	自我效能感	自尊	问题解决
归因		√√√				
结果价值评估	√√	√	√√	√√	√	√
目标相关思维	√√√	√	√√√	√√√	√	√√√
动力思维	√√√		√√√	√√√		
途径思维	√√√		√	√√		√√√

虽然各有侧重，但希望、气质性乐观和自我效能感三个理论在涉及的认知过程上有很大的相似性，甚至可以说难分彼此。实际上，这三个理论之间确实有很深的渊源。从诞生时间上看，自我效能感概念出现得最早(Bandura, 1977)，气质性乐观次之(Scheier & Carver, 1985)，希望概念则出现得最晚(Snyder et al., 1991)。从理论根基上看，自我效能感、气质性乐观和希望三者虽然表述不同，但都没有脱离自我效能理论的框架。我们知道，班杜拉的自我效能理论区分出结果预期和自我效能预期两种认知倾向，但他本人更加强调自我效能预期，主张自我效能预期才是人类行为最重要的决定因素(Bandura, 1977)。但是，卡弗和沙伊尔并不认同这种观点，他们把气质性乐观界定为"对个人未来积极结果的泛化预期"，显然更加强调结果预期(Scheier & Carver, 1987)。虽然卡弗和沙伊尔也认同自我效能预期对行为有影响，但他们更看重结果

预期对行为的影响，认为结果预期才是决定个体行为的最终也是最强的动机来源。他们解释说，自我效能预期只能够解释个人控制范围内的结果，而生活中许多结果实际上大多受到其他因素(如宗教信仰、运气和掌权人物的干预等)的影响，这时就无法用自我效能感来解释人们的某些行为。比如，有些人每期彩票必买，难道只是因为他觉得自己具有成功买到彩票的能力？还有那些笃信宗教的人，朝圣路上一步一拜，坚持不懈，难道只是因为他们觉得自己能成功作出这种行为？在这些情况下，显然是相信这种行为会带来某种结果才能解释得通。

自我效能预期重要，还是结果预期重要的分歧在希望理论中得到妥善解决(Snyder et al.，1991)。斯奈德及其同事既反对只强调自我效能预期，也反对只强调结果预期，因此希望概念中同时包含两者，动力感对应自我效能预期，途径感则对应结果预期。同时，他们觉得自我效能预期严重依赖情境，需要具体的任务对象才有意义，而希望和气质性乐观涉及的认知倾向并不针对具体的情境，而是涉及更为广泛的人类活动及其结果。由此可以看出，希望与气质性乐观这两个概念之间的相似度要大于它们中任意一个与自我效能感的相似度。它们之间唯一的区别在于，希望既强调结果预期(途径感)，也强调自我效能预期(动力感)，认为两者之间是相互促进的，而气质性乐观只强调结果预期。另外，实证研究也发现，希望和气质性乐观还有其他许多相似之处。比如，有研究者利用眼动技术追踪 104 名被试对情绪刺激的眼动模式，结果发现，乐观的人，以及希望水平比较高的人，视线在威胁性刺激上停留的时间比较短(Kelberer，Kraines，& Wells，2018)。此外，乐观者还体现出对积极情绪刺激的注意偏好。希望和气质性乐观这两个概念在理论和实证研究中都显示出极大的相似性，这是不是意味着，只保留其中一个就行了。比如，今后只研究希望就行了，因为它完全可以代替气质性乐观。

对此，曾有研究者进行过一项元分析(Alarcon，Bowling，& Khazon，2013)，结果发现，气质性乐观与希望总分，以及希望的动力维度和途径维度都呈显著正相关，但相关系数都没有达到0.80。这说明，气质性乐观和希望这两个特质十分相似，但又没有相似到可以随意取代对方的程度（Kline，2005）。气质性乐观和希望之间的这种关系还体现在它们与其他人格变量的关系上。首先，两者都与内容基本相似的身心健康指标有着方向相同、大小相似的关系。例如，与气质性乐观有关的身心健康指标包括生活满意度、幸福、一般心理幸福感、一般身体健康、焦虑和抑郁，与希望有关的身心健康指标包括幸福、抑郁和压力等。通过这些相似的关系，可以看出气质性乐观与希望这两个变量几乎可以相互取代。但实际上，两者之间确实存在一定的差异，它们在与某些变量的相关程度上有强有弱。具体而言，气质性乐观与积极情绪、消极情绪、自尊、自我效能之间的相关比希望与这四者之间的相关更大；希望与压力、幸福之间的相关比气质性乐观与这两者之间的相关更大。当然，气质性乐观、希望与抑郁的相关没有显著差异。这些数据说明，气质性乐观和希望这两个人格特质虽然相似，但还没有到可以相互取代的程度，今后两者还将在心理学文献中共存。

5.5 希望是好东西，它到底好在哪里

神话、电影和早期的研究者都声称希望是最好的东西。而且，希望这种人格特质与气质性乐观有极大的相似性，而气质性乐观伴随着许多积极的结果，因此希望特质应该也是如此。那么，希望特质的好处有哪些呢？

首先，希望水平高，人容易拥有好心情，远离坏心情，也更容易感到幸福。在一项纵向研究中，研究者招募975名青少年参与调查，在为期6年的时间里收集他们在希望水平、积极情绪和消极情绪等心理变量上的数据，每年收集一次（Ciarrochi et al.，2015）。通过建立交叉滞后结构方

程模型(cross-lagged structural equation modeling)来拟合数据,结果发现,希望水平能够显著预测下一个时间点的积极情绪(愉快)和消极情绪(恐惧、难过和敌意),而情绪状态对下一个时间点的希望水平的预测作用则有所分化,具体而言,积极情绪(愉快)的预测作用非常微弱,消极情绪则有一定程度的负向预测作用。通俗来讲就是,希望水平高的人以后会体验到更多积极情绪,更少消极情绪;积极情绪比较多的人,以后的希望水平不一定很高,但消极情绪比较多的人,以后的希望水平很可能较低。另有研究发现,某些对人的幸福感有促进作用的因素,实际上是通过希望起作用的(周蜀溪,2013)。研究者回收了355份大学生填写的问卷,结果显示,主观体验到的社会支持与幸福感之间呈显著正相关,而希望在两者之间的关系中起完全中介作用。这说明,体验到更多社会支持的人之所以更有幸福感,是因为他们有希望这种特质,希望与幸福感之间有很高水平的相关。因此,简单描述这三者之间的关系就是:个体只要体验到足够的社会支持,就感到有决心和有办法去面对生活中的各种目标,这种信心满满的特质进而促进人的幸福感。正如研究者所总结的,集体主义文化的中国自古以来就特别注重人与人之间的互助合作,正所谓"一个篱笆三个桩,一个好汉三个帮"。一个人如果能够获得他人更多的支持(包括各种信息支持、物质支持、情感支持),就有信心想到更多实现目标的手段;同时,在一个充满关怀与温暖的环境中,个体也更愿意努力实现目标(周蜀溪,2013)。社会支持增进希望,而希望才是幸福的源泉。

其次,在人的成长过程中,希望这种人格特质具有保护功能,它能让人避免误入歧途。一项纵向研究的结果很好地说明了这一点(Valle et al., 2006)。这项研究发现,希望水平较高的青少年(初中生与高中生)一年后的问题行为水平也较低,而且希望在消极生活事件与问题行为的关系中起着调节作用,也就是说,消极生活事件会导致青少年问题行为增加,但在希望水平较高的青少年中,这种效应相对较弱。可见,希望水平较高的特点缓解了消极生活事件对青少年的不利影响。在这项研究中，希望特质表现出保护功能，觉得自己“有办法”和“有决心”的青少年承受能力更强，不会被生活轻易打败而颓废下去。其他研究也发现了同样的现象，当年轻人处在人生发展的转折点（例如，初一或高一刚入学）时，希望对之后的情绪水平的预测作用尤其明显（Ciarrochi et al.，2015）。这说明，在青少年的成长过程中，某些关键时刻希望的保护作用尤其重要：希望水平高的人更容易适应，希望水平低的人则更容易适应不良。

还有研究从中学生适应的各项指标中也发现了希望特质的这种保护作用（Marques，Pais-Ribeiro，& Lopez，2011）。研究者招募了 367 名中学生，开展为期两年的追踪调查。研究者设定了三个时间点（T1：2006 年秋天，此时有 367 名参与者；T2：2007 年秋天，此时还剩 215 名参与者；T3：2008 年秋天，此时还剩 202 名参与者）来收集这批中学生在希望、一般生活满意度、自尊、心理健康以及学业成绩等变量上的数据。调查结果显示，个体的希望水平与三个时间点上的一般生活满意度、自尊、心理健康以及学业成绩均呈显著正相关。研究者还通过一个系统的希望干预（hope intervention）程序提高了青少年的一般生活满意度。这个希望干预程序为期 5 周，目的在于帮助青少年习得希望认知，提高他们的希望水平。研究者将 31 名参与者分配到干预组，将另外 31 名参与者分配到对照组（不接受任何干预），结果显示，干预组青少年在儿童希望量表上的得分显著提高，这个效果一直持续到 18 个月后，对照组青少年的希望水平则没有这种变化，一直保持平稳，并低于干预组的水平。接受希望干预的参与者在一般生活满意度以及自我价值的发展变化上都出现类似的效应，说明希望干预程序不仅提高了希望水平，而且相应地改善了一个人的一般生活满意度和自尊水平。此外，这项研究还发现，干预组青少年的学业成绩也显著高于对照组。

希望特质的保护作用在大学生中也存在，主要表现为，希望水平高的大学生，学习成绩会比较好。有研究者专门考察了大学生希望水平与学业成绩的关系（Gallagher，Marques，& Lopez，2017）。结果发现，学业希望水平、学业自我效能感和学业承诺三个变量与学业成绩的两个指标（本科四年期间的学期登记数量和年级平均成绩）都呈显著正相关。学期登记数量反映了学生实际在校学习的情况，数量越多，表明学生的学业活动效果越好，坚持度越高。在考虑学生以往学业表现的情况下，只有学业希望水平能够独立地预测学期登记数量、第二个学期是否返校、四年后是否毕业，以及四年期间的年级平均成绩。还有研究专门考察了希望与学业成绩、智力、"大五"人格之间的关系，结果发现，希望特质中的动力感与大学生的学业成绩、瑞文推理测验得分、发散思维、神经质和外向性都有显著相关，而希望特质的另一个因子途径感也与大学生的学业成绩、瑞文推理测验得分、发散思维、神经质有显著相关。另外，研究者将最终学位分数作为结果变量，将性别、年龄、入学考试得分、智力（包括瑞文推理测验得分和发散思维得分）、"大五"人格（包括神经质、外向性、随和性、开放性和尽责性）以及希望的两个因子（动力感和途径感）作为预测变量，结果显示，希望特质中的途径感、"大五"人格中的尽责性和外向性、瑞文推理测验得分，以及入学考试得分具有显著的预测作用。这说明，希望（途径感）对学业成绩的预测作用是独特的，并不能用它与智力、"大五"人格和过去的学业成绩之间的关系来解释（Day，Hanson，Maltby，Proctor，& Wood，2010）。

最后，希望水平高的人更可能享有健康的生活。有研究发现，在气质性乐观和希望特质上得分高的人有良好的生活习惯，他们吃得健康而且爱运动（Carvajal，2012）。这项纵向研究为期 18 个月，涉及 744 名青少年（平均年龄为 12 岁），一共要完成三次测验。每次测验的内容都包括一般积极预期（global positive expectation，包括气质性乐观和希望）、抑郁症状、健康食物选择和身体运动。数据结果显示，在 18 个月里，一般积极预期有系统下降的趋势，而且第一次测量时一般积极预期水平较高的人在随后两次测量中饮酒次数相对较少、饮食习惯较为健康，以及身体活动更多。在这项研究中，研究者把希望和气质性乐观等同看待，合成一个更大的概念，两者对健康起保护作用的机制相同。保持积极的预期，能够让人采取更为理性、健康的行为，俗语说，“种瓜得瓜，种豆得豆”，健康行为也相当于播种，可以收获健康身心。

5.6 希望的来源

总的来说，和气质性乐观一样，希望也是很好的人格特质。那么，这种人格特质是如何形成的？或者说，在人的成长过程中，哪些因素会使人形成希望特质？如前所述，斯奈德认为促使一个人希望特质发展成型的因素从婴儿时期就开始发挥作用了。有两个因素对希望的发展非常重要：首先是亲密关系（主要是依恋关系），其次是极端经历（如压力性生活事件）。这两个因素的影响贯穿于希望认知形成的整个过程(Snyder, 2000)。

和依恋理论(Bowlby, 1980)一样，希望理论看重亲子关系和互动，认为这是推动希望特质朝积极面发展的一个关键因素。婴儿总会模仿抚养者的行为模式，如果抚养者希望水平比较高，那么不仅可以在无意中给婴儿提供积极行为和信念的指导，而且可以让婴儿自己体验成功和失败，有自主学习的空间(Shorey, Snyder, Rand, Hockemeyer, & Feldman, 2002)。在这种互动中，婴儿逐渐形成对自己、抚养者和周围环境的认知表征，即依恋理论所说的内部工作模型(Bowlby, 1980)。内部工作模型引导婴儿探索环境、预期未来和计划未来，后两者会影响与目标有关的希望体验。安全型依恋关系会产生适应性很强的内部工作模型，对希望特质朝积极面发展起到助推作用。如果婴儿在成长过程中缺乏安全型依恋关系，就会产生无法适应的内部工作模型，在这种内部表征的指引下，婴儿对现在和未来的体验都是不良的，这自然会妨碍希望特质朝积极面发展。希望与依恋之间的这种关系得到许多实证研究的支持。例如，有元分析专门考察了依恋与希望之间的相关，结果发现，希望与安全型依恋、焦虑型依恋和回避型依恋均具有比较稳健的相关(Blake & Norton, 2014)。

斯奈德认为，成年以前，极端经历(如失业、家人生重病)，不管是暂时的还是长期的，都有可能改变个体希望水平发展的轨迹(Snyder, 2005)。这种看法得到实证研究的支持(Otis et al., 2016)，这项研究想弄清楚青少年的希望水平与那些关键性影响因素之间的关系，那些关键性影响因素包括对父母的依恋、压力性生活事件(家庭成员死亡、父母离婚或父母财务状况出问题等)、神经质、外向性、年级(六年级、七年级和八年级)和社会经济地位(是否接受付费午餐)等。研究者在中学教师的协助下回收了647份有效问卷，结果发现，中学生的希望水平与对父母的依恋、压力性生活事件、神经质、外向性均有符合预期的显著相关。在接下来的回归分析中，研究者发现，年级和社会经济地位能够显著预测希望水平；当在回归方程中纳入外向性和神经质时，年级、社会经济地位和神经质具有显著的预测作用；当在回归方程中继续纳入对父母的依恋时，具有显著预测作用的变量则为神经质和对父母的依恋；最后纳入的压力性生活事件没有显著的预测作用，也基本不影响其他变量的预测情况。从这些结果可以看出，随着年级的增长，青少年的希望水平有逐渐下降的趋势，而且接受付费午餐的人比不接受的人希望水平高，神经质是希望水平的一个风险因素，而对父母的依恋则是一个明显的积极因素。

上述研究还说明，压力性生活事件确实是影响希望特质发展的一个重要因素，但这个因素的影响作用可以被依恋和人格(神经质)解释。因此，某些主要的人格变量(如神经质)也是影响希望特质发展的重要因素。还有研究者认为，先天的人格倾向(在儿童早期表现为气质特征，成年后则表现为人格特质)，对希望水平的发展可能也有不容忽视的影响(Halama & Dedova, 2007)。另外，值得一提的是，好几项研究(Ciarrochi,

Parker, Kashdan, Heaven, & Barkus, 2015; Marques & Lopez, 2014; Venning et al. , 2009)都发现,在青少年早期(early adolescence),个体出现了希望水平的明显下降,因此青少年早期这个阶段可能是个体希望水平发展的一个转折点和关键期。

有趣的是,有研究发现,某些超越性的心理现象(如灵性)也可以促进希望特质的发展。所谓灵性(spirituality),是个人的一种超越性追求,即追求与自身之外更强大的力量(如上帝、自然等)的联系,与人类追寻意义、目的和价值的体验有关,这种心理现象具有心理治疗的价值(潘朝东,2006)。有研究发现,灵性的三个维度与抑郁症状呈显著负相关,希望特质的动力感在上述关系中起完全中介作用,而途径感没有中介作用(Chang et al. , 2015)。这项研究为灵性的治疗价值提供了新证据,并指明这种治疗价值可能是通过希望特质实现的。路径分析的结果显示,仪式灵性(ritualistic spirituality)、神明灵性(theistic spirituality)和存在主义灵性(existential spirituality)均可以通过希望特质的动力感来影响抑郁症状,但不能通过途径感影响抑郁症状。仪式灵性是指个体通过结构化的仪式与神明沟通(如祷告等),参与正式的宗教行为;神明灵性是指个体非结构化的神性沟通,比如他并不信仰宗教,但依然感到自己与某种神明有联系;存在主义灵性则是非宗教性的,与神明无关,是个体对意义和目的的追求(Webb, Toussain, & Dula, 2014)。不论是哪种灵性,正式皈依宗教也好,非正式地信仰神明也好,或者根本不信仰神明,只是拥有超越自身存在的追求,具备这样特征的人也是抱有希望的人,他们有面对生活的信心和力量,从而在很大程度上与抑郁无缘。

5.7 塑造希望

希望理论对于理解和应用认知行为疗法有着非常重要的指导意义。

可以说，认知行为疗法能够起作用的一条途径就是催生和维持个体的希望认知。具体而言，认知行为疗法注重循序渐进的目标设置，而希望理论认为，希望认知建立的基础是存在明确且具有一定价值的目标；认知行为疗法强调策略的生成，而希望理论中的途径感正好可以通过认知行为疗法得到改善；认知行为疗法致力于改善有关目标达成的消极信念，以积极的信念代替消极的信念，这有助于促进希望理论中的动力感。因此，斯奈德认为，认知行为疗法的疗效正是通过改善希望认知实现的（Snyder et al.，2000）。

以希望理论为基础，有研究者提出希望疗法（hope therapy）（Lopez et al.，2000）。既然称为希望疗法，自然是以提升个体的希望认知水平为目的。具体而言，这套程序旨在帮助个体：（1）树立清晰的目标；（2）形成有助于达成目标的多种途径；（3）鼓起干劲坚持目标；（4）学会将看似不可逾越的困难理解成值得一试的挑战。简单来说就是，提升个体的目标感、途径感、动力感和障碍感。希望疗法假定所有人都有进行希望思维的能力，同时几乎所有情境都可以朝着有希望的（或积极的）方向去解释，因此个体可以通过学习提高希望认知倾向的水平，而且在治疗中产生的希望水平的提升可以延续到日常生活中。

希望疗法并不是一种全新的技术，而是利用已有的技术实现希望理论所秉持的理念。有研究者指出，大部分心理咨询师都掌握了多种技术以帮助来访者改变和成长，他们只要从中选择一部分技术稍加改造，使其符合希望理论的宗旨，这种治疗就能摇身一变，成为希望疗法（Lopez et al.，2000）。特别契合希望理论的心理治疗方法包括问题中心疗法（problem-centered therapy）、叙事疗法（narrative therapy）和认知行为疗法（cognitive-behavioral therapy）等。当然，要成为善于使用希望疗法的心理咨询师，除了精通一般的心理干预要素和相应的几种疗法外，还必须熟悉斯奈德的希望理论，最好能根据希望理论评估自己的希望水平，并根据评估结果改善自己的希望水平。研究者认为，“心理咨询师本人就是一个充满希望感的人对治疗效果而言非常重要，因为希望是可以传递的，助人者本身具有完善的希望思维就可以在治疗过程中顺理成章地将其传递给来访者”（Lopez et al.，2000）。因此，咨询师要先了解并提升自己的希望水平，才可以帮助来访者在心中筑起希望之城，抵御生活中的风霜雨雪。

希望疗法主要由植入希望（hope instilling）阶段和提升希望（hope increasing）阶段构成。第一个阶段通过发现希望（hope finding）和结合希望（hope bonding）将希望植入自己的信念，第二个阶段通过加强希望（hope enhancing）和提醒希望（hope reminding）让希望认知逐渐变成习惯。

发现希望。就是帮助来访者了解自己的希望水平，可以通过两种方法实现。一是叙事法，鼓励来访者讲述自己的生活经历，让他在自己的人生故事中了解自己的希望感。咨询师可以帮助来访者梳理这些生活经历的脉络，让他从中领悟自己的希望感是如何发展、停滞以至于最终丧失的。咨询师还可以从旁观者的角度发现来访者损害希望的一些习惯性的想法和行为，帮助他了解这些自己平时意识不到的东西。二是使用正式的工具评估，选择一个合适的量表，实施测量，然后将测量结果解释给来访者听。不论是哪种方法，都试图帮助来访者在亲身体验中寻找已然存在的希望认知萌芽。

结合希望。所谓结合，是指建立关系。咨询师和来访者要建立一种健康的工作同盟。在这个工作同盟中，咨询师本人应该是一个充满希望的榜样，可以把自己的希望思维传递给来访者。传递需要良好的媒介，咨询师和来访者的这种工作同盟关系就是传递希望的媒介。如果工作同盟关系是良性的，那么希望认知能够自然而然地从咨询师传递给来访者。实际上，日常生活中也有各种同盟关系，走出咨询室，来访者也需要与其他社会角色（而不仅仅是咨询师）结合起来，建立良好的关系（如雇主—雇员关系、教练—学员关系和师生关系等），如果其他社会角色是一个具有明显希望认知倾向的人，那么也能发生希望的传递。总之，结合希望就是通过良好的关系将希望认知传递给他人。

加强希望。有希望的人相信自己能够设立清晰的目标，想出实现目标的方法，启动和维持追求目标的行为动力，以及克服目标实现过程中的障碍。来访者寻求帮助，很有可能是希望感（目标感、途径感、动力感和障碍感）中的某一部分或某些部分出了问题。希望治疗先要确定来访者的希望感中哪些部分是健全的，哪些部分是有问题的，然后依托健康的部分，改善有问题的部分。每个部分的改善都有特定的方法和技术。

（1）目标感的改善一般依靠叙事疗法，让来访者讲述自己的人生故事，在讲故事的过程中梳理自己的重要生活领域，看看自己对这些方面是否满意。研究者曾开发出一个工作表，来访者可以在工作表中列出生活中的重要领域，评定领域的重要程度和自己的满意度（McDermott & Snyder，1999）。一旦确定重要生活领域，咨询师和来访者就要一起制定清晰、明确、具有操作性的目标，并用积极的方式表达出来。例如，“我要少跟妈妈顶嘴”这种目标满足清晰、明确的要求，但是太消极，改成“我要多和妈妈沟通”就好多了。

（2）途径感的改善可以通过表象训练技术实现，即让来访者在头脑中想象自己一步一步实现目标，就好像在观看一部自己主演的电影。在表象中模拟自己实现目标的过程，目标制定得越具体，就越容易形成表象；实现目标的步骤越清楚，也越容易形成表象。因此，教会来访者把实现目标的过程拆解成具体而清晰的小步骤，就比较容易在表象中操作。通过表象训练的方式，来访者在头脑中检验实现目标的各种方法和策略，从而形成一个丰富的策略库以随时调用。

（3）动力感的改善也可以通过叙事疗法实现，要求来访者讲述一个有关自己实现目标的故事，故事中来访者确定目标并付诸行动，刚开始很顺利，然后遇到各种障碍，最后终于克服困难并实现了目标。这样的叙事不仅可以把来访者引向积极的一面，而且可以使咨询师通过来访者讲述故事时的语调、掌控体验，以及克服困难的方式来确定来访者动力感的运作方式，即来访者怎样启动实现目标的行为，如何支撑自己坚持下去，排除困难，一直维持实现目标的活动。通过对以上这些方面的了解，咨询师可有的放矢，巩固来访者动力感的合理部分，改造不合理的部分。如果来访者想不出什么有希望的故事，感到“没有什么事情值得讲述”，这个时候可以要求他在当天发生的事情中找出一点积极的因素。不必凡事都看得很积极，找出积极的一面即可。

（4）在追求目标的过程中难免会遇到障碍和困难，看待障碍和困难的方式可能会决定目标追求活动的走向和方式。对障碍和困难的认知有两种：一种是事实性认知（fact-of-life），如小明知道自己脸上有一道疤痕；另一种是与事实相对应的消极思想（negative thinking），如小明认为别人会因为这道疤痕而看不起自己，因此不敢跟人打交道。来访者需要改变的不是事实性认知，而是由此衍生出来的消极思想。如何改变消极思想呢？研究者推荐使用ABC模型（Seligman，1998），教会来访者挑战消极思想，增强积极思想（Lopez et al.，2000）。ABC模型的基本步骤为：首先，来访者要采取旁观者的视角将那些让自己烦恼的事件（activating events，A）讲述清楚；接着，来访者要写下有关自己当前处境的所有想法和信念（belief，B）；明确自己的想法和信念后，来访者要试着谈一谈这些想法和信念会带来什么样的后果（consequence，C）；最后，确定对抗消极思想的方法并执行。

提醒希望。就是提醒自己使用已经学会的希望思维。在治疗过程中，咨询师和来访者共同建立了一整套希望认知的框架，并不断强化它。当来访者已经很熟悉这个框架，特别是已经拥有清楚的目标思维和障碍思维，就可以逐渐变成自己的希望治疗师。来访者可以自行通过简单的程序来练习希望认知，具体包括：（1）回顾自己最喜欢的希望故事；（2）简单记录自动出现的目标思维和障碍思维；（3）回顾自己的希望宣言；（4）寻找事物的闪光点；（5）结交一个希望感很强的人，跟他谈谈自己的目标和困难;(6) 以自己当前的目标为背景修改希望量表,然后自我评估,了解自己的希望水平。每当来访者在生活中想到自己的目标和可能遇到的障碍,就可以使用这些程序加强希望认知。来访者必须注意的是,治疗结束并不意味着希望思维倾向就稳固地建立了,治疗前的不良思维倾向还是会出现,这是正常现象,因为习惯的力量是非常强大的。咨询师和来访者对此要有心理准备,在治疗过程中要确定那些可能非常顽固的领域,为应对治疗结束后出现的不良思维倾向提前作好准备。

有研究者称,希望治疗好比建造一座房屋(Lopez et al., 2000)。发现希望的过程是寻找来访者已有的希望认知,将其作为希望治疗的基础,这好比找一个稳固的地基来盖房子。结合希望的过程是在来访者和咨询师之间建立支持性的同盟关系,提供专业的希望理念和希望认知的榜样,这好比聘请专业的建筑人员来建造房屋的主体结构并教授建筑技巧。加强希望的过程是使用已经学会的全部技能和已经建立好的同盟关系来增强希望认知倾向,这好比加固和完善房屋构造,让它足以承受暴风骤雨。提醒希望的过程是反复的自我提醒,要在生活中,在旧思维习惯卷土重来时,使用已经习得的希望治疗技能,维护已经建立的希望认知框架,这好比房屋建好后也会出问题,不时地需要自行维修或请人维修。

5.8 本章小结

斯奈德教授认为,希望是将人的行为导向目标实现的认知机能,它包含两个相互关联的认知元素:一个是动力感,即感觉自己有决心实现过去、现在和将来的各种目标,这种认知具有动机功能,可以启动和维持个体追求目标的行为;另一个是途径感,即感觉自己能够构思实现目标的路径,能够想出足够的办法来实现各种目标。希望是动力感和途径感的共同体，两者相互促进，缺一不可。成功的决心促使人去思考实现目标的途径，想出实现目标的办法则会进一步强化成功的决心，在实现目标的过程中，这两种认知元素的效应可以反复叠加，共同推动个体行动。

希望理论包含目标、动力感和途径感三个基本要素。目标是希望理论的起点，它必须具有一定的价值和挑战性。人在成长过程中意识到自己的行为可以促使其他事情发生，于是产生“我能……”的认知倾向，逐渐发展出特质性的动力感。人在成长过程中也会掌握许多实现目标的手段，并逐渐对自己想出办法的能力有了稳定的认识，逐渐发展出特质性的途径感。在每一次追求目标的过程中，个体会先评估目标的价值，然后才在既有的动力感和途径感的基础上行动。行动过程中，个体会持续进行途径（我有没有办法）和动力（我能不能行）的思考，而且动力感、途径感、结果价值评估以及目标达成与否的结果之间也会不停地相互影响，并最终影响个体特质性的动力感和途径感。

斯奈德教授和同事们在提出希望理论的同时，也编制了几种评估个体希望水平的工具，如希望量表、评估即时希望水平的状态希望量表、专门评估儿童希望特质的儿童希望量表，以及针对某些特定领域希望水平的特定领域希望量表。这些量表各自针对不同的群体，适用于不同的情况，在形式上也略有差别，但都根据希望理论设置了动力感分量表和途径感分量表。

希望、气质性乐观和自我效能感这三个概念有很大的相似性。从理论根基上讲，三者虽然表述不同，但都没有脱离自我效能理论的框架。自我效能理论区分了结果预期和自我效能预期两种认知倾向，但更加强调自我效能预期，气质性乐观更加强调结果预期，希望则同时包含两者，其中动力感对应自我效能预期，途径感则对应结果预期。另外，自我效能预期依赖情境，希望和气质性乐观描述的认知倾向则并不针对具体情境。因此，希望和气质性乐观这两个概念之间更为相似。尽管如此，两者依然没有相似到可以相互取代的程度。

希望会带来好结果。满怀希望的人更容易感到幸福，更能抵抗逆境、获得成就，更可能保持身心健康。亲密关系（主要是依恋关系）和极端经历（如压力性生活事件）这两种因素的影响贯穿于希望认知形成的整个过程，此外个体的某些主要人格特质和信念也会影响自己的希望水平。青少年早期可能是一个人希望认知倾向发展过程中的一个关键时期。

个体的希望水平是可以改变的。斯奈德认为，认知行为疗法的疗效正是通过改善希望认知实现的。于是，便有了希望疗法。希望疗法利用已有的技术实现希望理论秉持的理念，这些技术包括问题中心疗法、叙事疗法和认知行为疗法。希望疗法主要由植入希望阶段和提升希望阶段构成。第一阶段通过发现希望和结合希望将希望植入自己的信念，第二阶段通过加强希望和提醒希望让希望认知逐渐变成习惯。希望也是可以传递的，助人者（如心理咨询师）本身如果具有完善的希望思维，就可以在治疗过程中顺理成章地将其传递给来访者。

6 解释风格

本章介绍的主题由美国心理学家塞利格曼(Martin E. P. Seligman)开创。除了是一位心理学家,塞利格曼还是一位畅销书作家。1964 年,他在普林斯顿大学获得学士学位,3 年后在宾夕法尼亚大学获得心理学博士学位。如今,他仍在宾夕法尼亚大学心理学系担任教授。1998 年,塞利格曼当选为美国心理学会主席,并在任期内发起了轰轰烈烈的积极心理学运动。他说:“心理学自弗洛伊德以来始终关注的是对人类病态阴郁的探究,心理学家们热衷于把－8 的人提升到－2,而我的目标是把＋2 的人提升到＋6。”可见,他发起的积极心理学运动旨在纠正心理学界只从焦虑、抑郁等人类心理的消极方面着手,以救治为主的被动做法,转而关注人类心理的积极方面,探究人如何能够生活得更加快乐、成功和有意义。积极心理学的主题涉及韧性、习得性无助、抑郁、乐观和悲观,这些都是塞利格曼非常擅长的领域。除了在学术上建树颇多,他也很擅长治疗抑郁,通过心理干预增进人的心理力量和幸福感,在心理咨询与治疗实践中也是人所共知的权威人物。他撰写了不下 350 篇学术文章和 30 本著作。他的书被翻译成 50 多种语言,不仅在美国国内很畅销,在国外也卖得很好。塞利格曼在心理学领域取得丰硕成果,自然也获奖无数,最近一次的奖项于 2017 年由美国心理学会颁发,奖励他这一生对心理学的贡献。有意思的是,尽管塞利格曼力图把整个心理学界导向研究人性积极面的光明大道,他赖以成名的研究却始于一个充满负能量的无助现象。接下来的介绍也将从这里开始。

6.1 习得性无助

塞利格曼和同事用狗做实验时发现了一个奇特的现象(Seligman & Maier, 1967)。给狗站立的位置通电,它会很快学会跳到没有通电的位置。趋利避害是所有生物的正常反应,但研究者可以设置一种情境(如给所有位置都通电,使狗没地方可躲,或者把狗拴住让它跳不走等),使狗无论如何反应都无法逃避电击。经历这种无法掌控的体验之后,当狗再次面临电击的威胁时,即使能够通过跳跃来逃避电击,它也会放弃努力,不再逃避伤害。这种现象称为习得性无助(learned helplessness),俗称"破罐子破摔"。习得性无助现象不仅会出现在狗身上,而且会出现在猫、鱼、老鼠身上(Abramson, Seligman, & Teasdale, 1978)。那么,这种现象会不会出现在人身上呢?毕竟,人类有智慧,号称万物的灵长,似乎不应该犯这种错误。

有研究者以人类为对象进行了类似探索,他用噪声代替电击,来创造产生习得性无助的条件,看看人类能否避免这种现象(Hiroto, 1974)。整个实验分为学习阶段和测试阶段,在学习阶段,研究者把大学生被试随机分成噪声可控组、噪声不可控组和无噪声组。噪声可控组的被试可以通过按键四次来终止噪声,而噪声不可控组无论怎么按键都无法终止噪声。到了测试阶段,噪声对所有被试而言都是可控的,只要扳动一个控制杆就可以终止噪声。在无噪声组和噪声可控组学习过的被试在测试阶段很快就成功发现了终止噪声的方法,让人吃惊的是,在噪声不可控组学习过的被试大多只是被动地接受噪声,似乎完全没有想到情况可能不一样了,这次是有方法消除噪声的。这项研究说明,即使是人,在体验过无能为力的情况下,也会失去改变现状的动机和行为,变得逆来顺受。可见,在结果不可控的境遇中,人也会习得无助感,这种无助感在人的动机、认知和情绪三个方面都有体现(Abramson, Seligman, & Teasdale, 1978)。"无论做什么都改变不了结果"的观念会深入其心,导致他们失去行动的动力,不再尝试改变。没有新探索自然就不可能获得新知识,这会导致人们缺乏见识,眼界狭窄,越发地感到无能为力。最终,这种无力感会让人变得抑郁。是的,抑郁症就是这么来的。

6.2 归因理论的启示

习得性无助的研究结果让人"大跌眼镜",原来人类在挫折面前竟也如此脆弱和渺小。但不甘心地问一句:面对习得性无助现象时,人与动物真的没有区别吗?当然不是,人类是万物的灵长,几万年前认知能力就发生了革命性变化。人在幼儿期就爱问"为什么",成年后提问变成很自然的习惯,动物似乎不会问"为什么"。在遭遇某种情况时,人会下意识地分析产生这个结果的原因。为什么没考到100分?为什么这个公司不接受我的求职?为什么她(或他)要跟我分手?这种思维过程叫作归因。美国心理学家韦纳(B. Weiner)对人类的这种认知倾向有深刻的见解,在他眼中,归因是一种重要的认知倾向,会影响人的行为动机,进而影响生活的很多方面,韦纳的观点特别适合解释与成功和失败有关的归因(Weiner, 1985)。塞利格曼等人正是从韦纳的归因理论得到启示,找到理解人类习得性无助现象的新思路(Seligman & Teasdale, 1978)。在阐释习得性无助与归因的关系之前,我们先来看看归因理论。

人为什么喜欢问"为什么"?韦纳认为,这可能是因为"人有理解自身及自身所处环境的需要"(Weiner, 1985)。知道事件为什么会发生一定是有用的,一旦确定事件发生的原因,人们就能知道今后该怎么做,并用这种认识引导自己的行为。为什么自己总是考不出好成绩?如果答案是自己不够努力，没能坚持，个体之后就会增加自己在时间和精力上的投入并坚持下去；如果答案是没有掌握正确的学习方法，之后寻找正确的学习方法的尝试就会成为个体的主要方向。可见，归因能决定人的行为。对同一种结果的归因不同，之后的行为也会完全不同。然而，一件事情成功或失败的影响因素非常多，在不同的领域中成功或失败的原因也不太一样。比如，在学业成就和职业等领域，能力、努力、兴趣、任务特征（难度、复杂度等）和运气等都是成功或失败的原因。在比赛或考试等情况下，还需要考虑他人的影响（如裁判或评分者的公正性、队友的配合、对手犯规）。在社会关系领域，性格、相貌、社会经济地位和沟通技巧等都有可能是自己被接纳或拒绝的原因。可见，要对事情的结果作出解释有很多原因可供选择，在不同情况下人们到底会采纳哪一种原因具有很大的主观性。虽然原因似乎多得数不清，但韦纳只用三个维度就把它们全部概括进来了（Weiner，1985），这三个维度分别是内部—外部（internal-external）维度、稳定—不稳定（stable-unstable）维度、可控—不可控（controllable-uncontrollable）维度。

内部—外部维度。用于解释行为结果的原因或影响因素是个人特征还是环境特征。我们常批评别人说“要多从自己身上找原因，不要老是归咎于外部环境”，从自己身上找原因属于内部归因，比如能力、努力、态度、相貌甚至身高等在这个维度中就落在内部一端；从外部环境找原因属于外部归因，比如天气、运气、任务的难度以及他人的影响等在这个维度中就落在外部一端。

稳定—不稳定维度。用于解释行为结果的原因或影响因素会不会随时间发展而改变。比如天分就是很难改变的因素，能力也许可以通过努力练习有所改善，但也不是一朝一夕的事情，相貌的改变也不会自然地迅速发生（整容是个办法，但不是每个人都下得了这个决心），这些因素都是相对稳定的，在这个维度中落在稳定一端。相对而言，努力是可以随时发生变化的，每天都不一样，沟通技巧也可以通过短期培训明显改进，运气更是不可捉摸，如果每期双色球彩票必买，大多数时候不会中奖，有时会获得一些小额奖金，极少数时候还会获得大额奖金。因此，努力、沟通技巧和运气在这个维度中落在不稳定一端。

可控—不可控维度。用于解释行为结果的原因或影响因素是否可以通过人的意志行为得到调整，进而朝着期望的方向发展。只要自己下定决心，多努力几分还是可以做到的，因此努力这一因素是可控的，沟通技巧也是可以习得的，因此努力和沟通技巧在这个维度中落在可控一端。天分、运气等因素不由人的主观愿望而变化，在这个维度中落在不可控一端。

就这样，韦纳把许多看起来截然不同的原因归为一类，把复杂的归因现象简单化。运动场上的失败是因为自己太矮，数学考试的失败是因为自己没有数学天分，政治上的失败是因为自己缺乏领袖气质，约会请求遭到拒绝是因为自己魅力不够，这些都属于稳定归因。当然，运动场上的失败还可能是因为自己练习不够，数学考试的失败是因为自己鼻炎犯了而导致思维迟钝，政治上遭遇滑铁卢是因为经济暂时不景气，约会被拒是因为对方生病了，这些都属于不稳定归因。于是，林林总总的归因内容都可统一于内部—外部、稳定—不稳定和可控—不可控这有限的三个维度。这种归纳和统一不只是为了追求简约，还因为许多看似不同的归因确实具有某种内在的一致性，这种一致性体现在归因的动机效应上。何谓归因的动机效应？归因会影响人的预期和情绪，而预期和情绪又会在一定程度上影响人的行为。于是，追根溯源，影响行为的其实还是归因，因此说归因具有动机效应。

归因与预期的关系主要体现在稳定—不稳定维度上，尤其是在对失败结果进行归因时。如上面的例子，不论是运动比赛、数学考试、政治活动还是约会邀请，如果把结果归因于稳定的因素（如能力、相貌和身高等），个体便会预料下一次的结果不会有什么变化，这次成功，下次依然会成功；这次失败，下次依然会失败。把事件的结果归因于不稳定的因素(如努力、运气和天气等),个体对下一次的结果就没那么确定了,既然事件的原因是变化莫测的,那么下次的结果可能和这次相同,也可能完全不同。用稳定的因素来对失败进行归因会削弱动机,因为预料失败的结果不会发生改变显然会让人相当绝望;这个时候用不稳定的因素来归因比较容易让人感到有希望,因为失败的结局看起来没那么确定,个体更容易燃起逆袭的斗志。

归因与情绪的关系在内部—外部、稳定—不稳定和可控—不可控三个维度上都有体现。当事件发生时,当事人会立刻对事件的性质有一个评价(成功或失败),这叫作初始评价。伴随着初始评价,当事人会马上产生相应的情绪反应(积极情绪或消极情绪),这叫作初始情绪。初始情绪由事件的结果引起,与归因无关,这种情绪的缘由很单纯:成功带来快乐,失败导致沮丧。但进行归因时,就会产生与归因相应的一些情绪。比如,把成功归因于运气,会产生惊讶的情绪;把成功归因于长期的努力,则会产生平和、安宁的心境。

一般来讲,内部—外部维度的归因会产生与自尊有关的情绪,把积极结果归因于内部因素(人格、天资、相貌和身高等)会产生自豪感,把消极结果归因于内部因素则会产生自卑感。连5岁的小孩子都知道,拒绝别人的邀约时不能说"你性格很差,我不想跟你玩"这种大实话,而应该找一个"我病了,今天不能出门"的借口。上述大实话会促使别人对被拒绝这一消极事件进行内部归因,十分伤人自尊;找借口可以给人提供一个进行外部归因的台阶,保住别人的面子,避免得罪人(Weiner & Handel, 1985)。愤怒、感激、内疚、怜悯和羞愧等情绪都与可控—不可控维度的归因有关。把他人不当的行为结果归因于可控的因素,会使人感到愤怒,若归因于不可控的因素,则会使人产生怜悯。比如,有这样两种情况:(1)某老手司机开车时看手机,把别人蹭了;(2)某新手司机开车时出状况,把别人蹭了。哪种情况更让人愤怒呢?很显然是第一种情况,因为"看不看手机"是容易控制的因素,"技术和经验不够"却是难以控制的。因此，新手司机相对无辜一些，会让人同情。你没能及时参加一个聚会，跟人解释时你没有说自己“看电视忘了时间”，而是说“我的车胎漏气了”，因为前一个借口会让人生气，而后一个借口则会引起同情，这个道理5岁的小孩也能够理解(Weiner & Handel, 1985)。对于自己的不当行为，将消极结果归因于内部可控的因素会让人感到内疚，归因于内部不可控的因素则会让人感到羞愧。比如上述例子中的老手司机，如果他也认为这次事故是自己看手机导致的，他就会感到内疚，负起责任来；对于新手司机，如果他认为这次事故是自己开车技术不好导致的，多半会感到丢人，尴尬不已。无望的情绪总伴随着稳定—不稳定维度的归因，对消极结果作稳定归因就会导致对消极结果的稳定预期，也就是说，如果认为这次失败是因为自己天分不够，而天分不够这个情况不会改变，那么对下一次的结果就不会抱成功的期望。因此，这种归因会让人产生毫无希望的感觉。

6.3 修正后的习得性无助理论

归因理论的观点改变了塞利格曼及其同事对人类习得性无助现象的认识。他们原本以为，在不可控的境遇中，人们一定会习得无助感，对成功不抱期望，并会产生抑郁情绪。在最初的认识中，他们并没有考虑到认知因素的作用。毕竟，最开始这个现象是在狗身上发现的。但将这个现象推广到人身上时，认知因素就成为必须加以考虑的方面。那么，哪种认知因素与习得性无助现象有关呢？归因理论提供了一个答案。塞利格曼意识到，当人们面临不可控的结果时，是否会产生习得性无助感，还取决于他们如何解释这个结果的原因。如果原因是稳定不变的，那么不可控的结果也将持续，进而产生习得性无助；如果原因是暂时的、可变的(不稳定归因)，就不会产生习得性无助(Seligman & Teasdale,

1978)。归因思维就是人不同于动物的那部分认知因素。习得性无助涉及的事件基本上都是不可控的,塞利格曼吸收了稳定—不稳定和内部—外部两个维度,并纳入普遍—特殊维度,形成修正后的习得性无助理论(reformulated learned helplessness theory, RLHT)(Seligman & Teasdale, 1978)。修正后的习得性无助理论认为,遭遇不可控的消极事件会让人产生抑郁情绪,但这一过程也取决于个体对不可控事件的归因解释。如果个体认为消极事件的发生是自己造成的(内部归因),而不是外部情境造成的(外部归因),那么不仅会感到无助和抑郁,而且会感觉自尊心受伤。如果个体认为导致不可控事件的因素会一直持续下去(稳定归因),而不是暂时存在的(不稳定归因),那么抑郁症状也会一直持续下去。如果个体认为导致不可控事件的因素在生活的各个方面都存在(普遍归因),而不是只限于某种情境(特殊归因),那么无助感也会弥漫到生活的各个方面。简单来说就是,对消极结果作内部的、稳定的且普遍的归因,更容易形成习得性无助,进而产生抑郁症状。故这种归因倾向也称为悲观的解释风格(pessimistic explanatory style)。如果一个人把不可控的消极结果归因于外部的、暂时的且影响范围很小的因素,那么消极事件就无法击倒他,因为他觉得自己不应该为消极结果负责,此事很快就会过去,更何况它的影响范围也很有限,没有波及整个生活。这种超脱的归因倾向也称为乐观的解释风格(optimistic explanatory style)。对积极结果的解释风格则刚好相反,内部的、稳定的且普遍的归因倾向属于乐观的解释风格,而外部的、不稳定的且不普遍的归因倾向属于悲观的解释风格(见表 6-1)。

表 6-1 悲观的解释风格与乐观的解释风格

事件	归因	归因维度			解释风格
		内部—外部	稳定—不稳定	普遍—不普遍	
恋人闹分手	自己长相不好看	内部	稳定	普遍	悲观
	最近她工作压力大	外部	不稳定	不普遍	乐观

续 表

事件	归因	归因维度			解释风格
		内部—外部	稳定—不稳定	普遍—不普遍	
比赛夺冠军	我强壮又聪明	内部	稳定	普遍	乐观
	最近对方运气特别差	外部	不稳定	不普遍	悲观

6.4　解释风格的评估方式

如何评估一个人的解释风格呢？研究者发展出两种评估方式：一种是自我评估的方式，即通过**归因风格问卷**（Attributional Style Questionnaire，ASQ）（Peterson，Semmel，Von Baeyer，Abramson，Metalsky，& Seligman，1982）评估；另一种是内容分析的方式，即通过**逐字解释的内容分析技术**（Content Analysis of Verbatim Explanation Technique，CAVE）（Peterson，Luborsky，& Seligman，1983）评估。

归因风格问卷会提供一些事件，要求被试尽可能生动地想象自己正经历其中的某个事件，并提供一个促使这个事件发生在自己身上的主要原因，将其写下来。然后回答四个问题，其中三个问题都针对每个事件后列出的因素，要求被试分别评估这个因素在内部—外部、稳定—不稳定和普遍—不普遍三个维度上的取值，剩下的一个问题则针对事件本身，要求被试判断这个事件对自己而言有多重要。在 7 点量表上回答每个问题。在问卷提供的 12 个假设事件中，一半是积极事件，一半是消极事件，而且一半事件涉及人际情境，一半事件涉及成就情境（见表 6－2）。

表 6－2　归因风格问卷示例

事件类型	事件举例
成就情境中的积极事件	你变得富有。
人际情境中的积极事件	你的伴侣对你更好了。

续 表

事件类型	事件举例
成就情境中的消极事件	你找工作有一段时间了，但还没找到。
人际情境中的消极事件	你碰到一个朋友，他对你很有意见。

例题：

你找工作有一段时间了，但还没找到。

1. 请写下导致此事发生在你身上的主要原因______________。
2. 导致自己找不到工作的原因是在自己身上，还是在别人身上或外部环境上？（请圈住一个数字）

   完全因为别人或外部环境…1…2…3…4…5…6…7…完全因为我自己
3. 如果继续找工作，这个因素还会继续存在吗？（请圈住一个数字）

   将一直存在…1…2…3…4…5…6…7…不复存在
4. 这个因素是否只影响找工作，还是会影响你生活的其他方面？（请圈住一个数字）

   只在这个特定情境下有影响…1…2…3…4…5…6…7…在生活的所有方面都有影响
5. 你觉得这个事件（自己找工作失败）有多重要？（请圈住一个数字）

   一点也不重要…1…2…3…4…5…6…7…极为重要

整个问卷包含12个假设事件，每个事件的影响因素有内外性、稳定性和普遍性3种评分，每个被试要完成36个评分。那么，怎样将这36个评分合成量表得分呢？很简单，根据需要把36个得分中的一部分相加求平均数即可。例如，将成就情境中的积极事件、人际情境中的积极事件、成就情境中的消极事件、人际情境中的消极事件看作4个分量表（每个分量表包含3个事件），分别计算每个分量表中内外性、稳定性和普遍性的平均分，这样就得到12个分量表成绩。也可以不管成就情境和人际情境的区分，把6个积极事件和6个消极事件看作2个分量表，分别计算内外性、稳定性和普遍性的平均分，这样就得到6个分量表成绩。甚至可以不管内外性、稳定性和普遍性的区分，将积极事件和消极事件的各18个评分分别求平均数，算出2种归因风格的得分。这样，总共可以得到20个不同的分量表成绩。

逐字解释的内容分析技术的主要程序是，先收集分析对象的书面或口头材料，从中随机抽取一部分句子，并按照一定的标准从中找出含有归因解释的句子作为分析对象。例如,有研究者曾从一名代号为 Q 先生的咨询记录中抽取 800 个句子,又从这 800 个句子中找出 63 个带有归因陈述的句子。然后选取几个评分者(judger),请他们分析每个句子在内外性、稳定性和普遍性上的程度,评分方式采用归因风格问卷的 7 点计分(Peterson, Luborsky, & Seligman, 1983)。逐字解释的内容分析技术的内部一致性信度比较高(Peterson, Luborsky, & Seligman, 1983),而且通过这一技术获得的数据与通过归因风格问卷获得的数据具有显著相关(Peterson, Bettes, & Seligman, 1985),相关系数为 0.30,属于中等水平(Peterson & Seligman, 1984)。塞利格曼曾用逐字解释的内容分析技术考察解释风格的跨时间稳定性(Burns & Seligman, 1989)。他们招募了一些喜欢写日记并保存日记的老人(平均年龄 72 岁),这些老人十几岁或二十几岁时写下的日记一直保存到开展研究。这些日记中的内容成为第一个时间点的分析素材。研究者让这些老人完成一项生活风格和态度的调查,用至少 750 字来描述自己目前的生活环境、兴趣爱好、朋友和生活问题等,这些内容成为第二个时间点的分析素材。根据这两个时间点的分析素材分别评估老人年轻时和当前的解释风格,结果发现,对消极事件的解释风格在两个时间点呈显著正相关,但对积极事件的解释风格在两个时间点的相关并不显著。看来,对消极事件的解释风格具有跨时间的稳定性,但对积极事件的解释风格就没这么稳定了。

6.5 解释风格与抑郁

根据修正后的习得性无助理论,面临消极结果时,悲观的解释风格会导致抑郁。实际情况真的如此吗?有研究者总结,不少实证研究的证据显示,悲观的解释风格与抑郁症状有关(Gillham et al., 2001)。例如,塞利格曼等人曾考察了 96 名儿童(男孩 50 名,女孩 46 名,年龄 8～13 岁)的解释风格与抑郁症状之间的关系,结果发现,倾向于对消极事件作内部的、稳定的且普遍的归因的儿童更可能报告抑郁症状,这种悲观的解释风格还可以预测儿童 6 个月后的抑郁症状(Seligman, 1984)。在另一项研究中,塞利格曼考察了在接受认知疗法的过程中,抑郁症患者(39 名单相抑郁症患者和 12 名双相抑郁症患者)的解释风格和抑郁程度的发展变化情况,还考察了在治疗的三个不同时间点(治疗初期、治疗末期和治疗结束后一年)抑郁症患者的解释风格与抑郁程度之间的相关,以及从认知治疗初期到末期这一时段中他们解释风格的改变与抑郁症状的改变之间的相关(Seligman et al., 1988)。结果发现,无论是解释风格还是抑郁症状,经过认知治疗都有了显著改善,甚至在治疗结束后一年仍然有所改善。在治疗过程的三个时间点,悲观的解释风格与抑郁症状都有中等程度的相关。从治疗初期到治疗末期,悲观的解释风格的改变与抑郁症状的改变也有显著相关。这项研究表明,认知治疗之所以能够减轻抑郁症状,可能是因为这个治疗程序能够改善解释风格。换句话说,能治好悲观的解释风格,减轻抑郁症状就有希望了。在一项元分析中,研究者收集了过去 20 年间的 86 项研究,获得了 244 个效应量,涉及 51 407 名被试,结果也为悲观的解释风格与抑郁之间的关系提供了非常有力的支持(Hu, Zhang, & Yang, 2015)。总而言之,悲观的解释风格绝对是抑郁症的一个风险因素;对于抑郁症患者,改变悲观的解释风格,是帮助其脱离抑郁状态的一个有效途径。

6.6 解释风格与学业成就

不同的归因会引发不同的预期,进而产生不同的动机。对消极事件进行悲观的归因解释会导致动机缺乏,做什么事情都没有干劲;对消极事件进行乐观的归因解释则会让人仍然保留希望和干劲。按照这种逻辑，具有乐观的解释风格的人应该做事比较积极，在各种领域都比较容易成功。是这样吗？实证研究的结果存在矛盾。有研究者总结了此类研究，得出的结论为，不论是从高中班级排名、学术能力水平考试得分，还是从成就测验得分上看，具有乐观的解释风格的学生都比具有悲观的解释风格的学生表现得更好(Schulman, 1995)。

但是，有研究者对 387 名学习法律的学生开展调查，得出了相反的结论。他们发现，具有悲观的解释风格的学生在年级平均成绩(grade point average, GPA)上要优于具有乐观的解释风格的学生(Satterfield et al., 1997)。这个结果让研究者比较意外，他们只好用法律行业的特殊性来解释这个现象：法律行业需要人们格外谨慎和小心，而拥有悲观的解释风格的人对消极事件的看法更为保守，总会预期最坏的状况，这种倾向可能恰好适应法律行业的要求。此外，有研究者考察了英国大学生的解释风格与学习成绩的关系，也发现拥有悲观的解释风格的学生学习成绩更好(Houston, 1994)。这就有些不好解释了。在近些年的一项研究中，研究者从 10 所高中招募了 979 名高中生，对他们施测归因风格问卷，并记录他们实际的考试成绩，结果发现，对积极事件作内部的、稳定的且普遍的归因(乐观的解释风格)的学生考试成绩更好(Houston, 2016)。还有一项针对 171 名文科生的研究也发现，悲观的解释风格与年级平均成绩呈现微弱的负相关，显示悲观的解释风格伴随着较差的学习成绩(Maleva et al., 2014)。总的来说，到目前为止，解释风格与学业成就之间关系的研究还不能得出一致的结论，还需要更多实证研究来探讨两者之间的关系。

还有研究者试图探究解释风格与运动成绩之间的关系，结果发现，两者之间的相关符合理论预期(Martin-Krumm et al., 2003)。他们的实验设计很有说服力，先评估一批中学生的解释风格，然后从中选出 62 名中学生练习篮球控球。练习分为两个阶段：第一阶段，研究者通过错误反馈(无论控球表现好坏都反馈表现不佳)让参与研究的中学生感到挫败,然后记录他们在第二阶段控球练习中的表现,包括焦虑水平、自信水平和运动成绩。结果发现,对消极结果作外部的、不稳定的且不普遍的归因(乐观的解释风格)的中学生焦虑水平更低,更加自信,运动成绩自然也更加出色。这项研究说明,具有乐观的解释风格的学生对挫折的抵抗力更强,失败无法夺其志、惰其行,他们在逆境中依然能展现出最佳状态。这样的心理素质让人有"逆袭"的可能性。

6.7 解释风格与身体健康

解释风格与心理健康及成就都有关系,毕竟归因思维会影响情绪和动机,而这两者决定人的心理体验和行动力。归因会影响身体健康的说法就没那么容易让人相信。研究者以哈佛大学 99 名毕业生为对象,开展了一项长达 35 年的纵向调查(Peterson, Seligman, & Vaillant, 1988)。研究者在这批学生 25 岁左右时使用逐字解释的内容分析技术评估他们的解释风格,同时评估他们当时的身体健康状况。之后,研究者一直追踪收集这些毕业生的体检数据结果,最终获得他们在 25 岁、30 岁、35 岁、40 岁、45 岁、50 岁、55 岁和 60 岁这 8 个时间点的一般健康水平的数据。分析结果显示,这些毕业生 25 岁时的解释风格与 40 岁之前的一般身体健康状况没有显著相关,但过了 45 岁,悲观的解释风格与较差的身体健康状况之间的关系就显现出来了。是不是因为具有悲观的解释风格的人当时的身体健康状况本来就比较差,所以后来的身体健康状况才不好呢?研究者当然考虑到这种可能性,也采取了相应的措施,但依然得出了相同的结果。可以看出,悲观的解释风格对人的影响不仅深刻,而且久远。它的效果竟然还有潜伏期,一开始似乎只影响情绪和动机,时间长了才发现,身体已经受到这种思维习惯的侵蚀。悲观的解释风格有害于健康,反过来说,乐观的解释风格应该有益于健康。这个逻辑似乎十分合理,但实证研究提供了反对的证据。例如,有研究者曾试图了解脑震荡康复情况与解释风格之间的关系(Shapcott et al., 2007)。他们招募了两所大学运动队中的运动员参与研究,用归因风格问卷评估运动员的解释风格,收集其中有过脑震荡经历的运动员的康复资料,结果出乎意料,竟然是拥有乐观的解释风格的运动员从脑震荡中康复过来所需要的时间更多。实际上,身体健康涉及的现象非常复杂,因而它与解释风格之间不可能是一种"非此即彼"的简单关系。因此,这项研究的结果并不能说明乐观的解释风格不利于身体康复。

6.8 解释风格的来源

一个人的解释风格是怎么形成的?无外乎两点,环境和遗传。儿童期的不幸遭遇(比如被虐待、父母之间存在冲突等)可能是造成悲观的解释风格的"元凶"(Kaufman, 1991)。塞利格曼指出,父母是孩子的榜样,父母在孩子的生活中如何归因,孩子就会学会这种归因方式(Seligman et al., 1995)。比如,在孩子犯错时,如果父母批评他笨或者懒,孩子就会将这种内部的、稳定的且影响普遍的归因方式内化为自己的思维习惯,形成悲观的解释风格,并可能一直保持到成年。另有研究者强调,对亲密他人(父母)的信任在个体解释风格的形成过程中起着非常重要的作用(Eisner, 2014)。当然,父母影响孩子的另一个途径是遗传,父母的解释风格可能通过基因传递给下一代。解释风格与遗传有关的证据来自双生子研究,研究者发现解释风格在同卵双生子之间相关很高,但在异卵双生子之间相关不高(Schulman, Keith, & Seligman, 1991)。有人说父母是守护孩子的天使,也有人哀叹父母皆祸害。上述研究指出,父母到底是"天使",还是"祸害",其实可以从孩子的解释风格中看出来。

除了环境和遗传这两种学界常用的解释外，还有研究者认为一个人的解释风格会由他长期形成的某种信念引导，例如，有研究者发现，个体的内隐信念会影响归因思维，如果一个运动员觉得运动能力是一种不可改变的特性，他就倾向于对运动结果作不可控的、普遍的归因，而这种归因倾向容易让他感到焦虑(Gardner, Vella, & Magee, 2015)。

6.9 解释风格的改变

虽然说解释风格具有相当的稳定性，有时甚至被看作一种人格特质。但是，一个人如果形成了悲观的解释风格，就得一辈子受它的罪吗？很显然，认知疗法的实践者们并不这么看，说到底解释风格还是一种习惯化的思维方式，既然我们已经知道悲观的解释风格和乐观的解释风格分别具有哪些特征，而且明了悲观的解释风格一般伴随着消极的结果，而乐观的解释风格一般伴随着积极的结果，自然就会想办法让悲观的解释风格变成乐观的解释风格。

在习得性无助理论和归因理论互相整合的大背景下，德韦克(Carol S. Dweck)开始了自己的研究，成为最早探索归因疗法的学者之一。归因疗法的基本主张是：如果把失败归因于自身能力不足或某些不可控的外部环境因素，个体就不会在后续学习中付出更多努力；如果把失败归因于自身动机不足，个体就会倾向于在后续学习中付出更多努力以实现目标。因此，通过训练改变归因方式，就可以改变个体应对失败的行为反应，由屈从于失败转变为挑战失败(Dweck, 1975；李抗，杨文登，2015)。为了在实践中检验这种理念，德韦克从小学找来 12 名大家公认的后进生为被试，他们的基本特征就是面对失败“破罐子破摔”。研究者告诉这 12 名学生，请他们来的目的是协助心理学家弄清楚孩子们如何解决数学问题(Dweck, 1975)。

这12名学生被随机分到成功体验治疗(success only treatment, SO)小组和归因训练治疗(attribution retraining treatment, AR)小组。在成功体验治疗小组,学生需要答对的题目比他们能够答对的题目少,因此他们在每次训练时的测试中都能成功;在归因训练治疗小组,每天都有两三次训练,他们需要答对的题目比他们能够答对的题目多,因此每天都会遭遇几次失败,一旦失败,研究者就会明确告诉他们还需要更加努力才行。两组学生都要接受两次正式测试,一次在训练期间,一次在训练完全结束后。研究者试图通过这样的设计比较习得性无助的两种干预思路:在成功体验治疗小组,通过成功体验让习得性无助的学生重新获得自信;在归因训练治疗小组,教会习得性无助的学生用乐观的归因来解释失败,即把失败归因于努力这种内部的、不稳定的、不普遍的因素,从而获得对失败的抵抗力,以及改变失败结果的动力。

那么,到底哪种方案更好呢?这项研究的结果显示,归因训练治疗的方案更好。接受归因训练治疗的学生,会把失败当作需要更加努力的信号,其中有5名学生在失败之后测试成绩反而提升了,3名学生在测试期间念叨着"努力,努力……"。接受成功体验治疗的学生面对失败时不堪一击,可见训练时一帆风顺并没有赋予他们抵抗失败的力量,有2名学生甚至对失败更加敏感了,成功的体验刚刚让他们对自己有所改观,一旦遭遇失败,这种新的自我印象就被击得粉碎。德韦克的工作强调了乐观的解释风格的优势,更为重要的是,这项研究让我们知道,无助感可以习得,乐观的解释风格也可以习得。

6.10 本章小结

塞利格曼发现,经历无法逃避的电击刺激之后,当狗再次面临电击的威胁时,即使能够通过跳跃来逃避电击,它也不再行动,任由电击伤害自己，这种现象称为习得性无助。习得性无助的现象在动物和人身上都会出现，但对人而言，遭遇不可控的消极事件是否会导致习得性无助，还取决于个体对不可控事件的归因解释。如果他认为消极事件的发生是自己造成的（内部归因），而不是外部情境造成的（外部归因），那么不仅会感到无助和抑郁，而且会感觉自尊心受伤。如果个体认为导致不可控事件的因素会一直持续下去（稳定归因），而不是暂时存在的（不稳定归因），那么无助感也会一直持续下去。如果个体认为导致不可控事件的因素在生活的各个方面都存在（普遍归因），而不是只限于某种情境（特殊归因），那么无助感也会弥漫到生活的各个方面。

如果对消极结果作内部的、稳定的且普遍的归因，就容易形成习得性无助感，产生抑郁症状，因此这种归因倾向也称为悲观的解释风格。如果把不可控的消极结果归因于外部的、不稳定的且影响范围很小的因素，那么消极事件就无法击倒他，因为他不觉得自己应该为消极结果负责，此事很快就会过去，更何况它的影响范围也很有限，没有波及整个生活。这种超脱的归因倾向也称为乐观的解释风格。对积极结果的解释风格则刚好相反，内部的、稳定的且普遍的归因倾向属于乐观的解释风格，而外部的、不稳定的且不普遍的归因倾向属于悲观的解释风格。

解释风格的评估方式有两种：一种是自我评估的方式，如通过归因风格问卷评估；另一种是内容分析的方式，如通过逐字解释的内容分析技术评估。归因风格问卷会提供一些事件，要求被试尽可能生动地想象自己正经历其中的某个事件，并提供一个促使这个事件发生在自己身上的主要原因，将其写下来，然后分别评估这个原因在内外性、稳定性和普遍性三个维度上的取值。逐字解释的内容分析技术则从分析对象的书面或口头材料中随机抽取一部分含有归因解释的句子，然后选取几个评分者来评估每个句子在归因风格的三个维度（内外性、稳定性和普遍性）上的程度。

解释风格不同的人在抑郁症状、学业成绩和身体健康等方面的表现也不同。一般而言,乐观的解释风格会带来积极结果,而悲观的解释风格会带来消极结果。儿童期遭到父母虐待的儿童容易形成悲观的解释风格,而父母的解释风格还可能通过基因传递给下一代。解释风格可以通过归因疗法得到改善,归因疗法的基本主张是:如果把失败归因于自身能力不足或某些不可控的外部环境因素,个体就不会在后续学习中付出更多努力;如果把失败归因于自身动机不足,个体就会倾向于在后续学习中付出更多努力。因此,通过训练改变归因方式,就可以改变个体应对失败的行为反应,由屈从于失败转变为挑战失败。

7 内隐理论

第 6 章提到心理学家德韦克(Carol S. Dweck),本章将重点介绍她的理论观点。德韦克是一位在全球心理学界极负盛名的女性心理学家,目前在斯坦福大学担任心理学教授,年过七旬依然活跃在心理学的舞台上。她获得过很多奖项和荣誉:2003 年当选为美国文理学院院士,2008 年荣获唐纳德·坎贝尔职业成就奖,2010 年荣获桑代克职业成就奖,2011 年荣获美国心理学会颁发的杰出科学贡献奖,2012 年入选美国科学院院士。从这些头衔和奖项上,我们应该能够感觉到德韦克对心理学的贡献有多大。她早期在归因疗法上作过很多尝试,之后提出成就目标理论、智力内隐理论、自我理论和心理模式理论,这些理论在心理学研究领域一直发挥着巨大的影响。德韦克曾经评价自己的工作:“我的研究在发展心理学、社会心理学和人格心理学之间架起了桥梁,探究人们用于整合自我和引导行为的心理模式(mindsets),我试图找到这些心理模式的来源,它们在人类动机和自我调控之间所起的作用,以及它们对成就行为和人际过程产生的影响。”德韦克在学术领域建树颇丰,但她并不是一个只在象牙塔中埋头写论文的学者。她努力向社会各界推广自己的理念,希望自己和同事们的成果能够帮助人们改善生活。她出版了很多书籍,几乎每一本都是畅销书。她在 TED Talk 的公开演讲《相信自己可以改善的力量》(*The Power of Believing That You Can Improve*)用短短 10 分钟时间把自己的一生所得娓娓道来,影响了很多人。

7.1 仍从习得性无助说起：德韦克的新解释

德韦克对无助者的探索并没有止步于归因疗法(Dweck, 1975)，她和同事们一直在寻找无助行为模式背后更深层次的心理根源。同样面对失败，为什么有些儿童会沮丧、失意甚至放弃努力，有些儿童却能坚持奋斗，努力寻找新的解决办法？塞利格曼用两者归因风格的不同来解释这种差异(Seligman & Teasdale, 1978)，但德韦克认为这不是根本原因，尽管她也认同归因疗法的效果。根据实践过程中对人性的体察，德韦克相信自己找到更加根源性的解释：两类儿童对智力的看法有本质的不同。正是这种观念上的差异使得两者在解释风格，以及其他一些认知和行为反应上表现各异(Dweck, Chiu, & Hong, 1995)。具体来说，无助型的儿童认为智力是一种固定不变的特质，不可能通过努力改变，他们把失败看作自己能力低下的凭证，进而用能力不足(内部的、稳定的且不可控的归因)来解释自己遭受的各种挫折，体现出悲观的解释风格；另一些儿童则认为能力是发展变化的，努力培养就能增强，松懈放弃就会减弱，他们认为失败是暂时的现象，一般会把失败归因于努力不够或方法不对(内部的、不稳定的且可控的归因)，这种解释风格显然更有建设性。总之，德韦克认为，智力是否可变的看法或信念决定一个人的解释风格，而不是解释风格决定一个人对智力是否可变的看法或信念。

可变还是不可变，仅仅是一念之差，却造成迥然不同的结果。这种想法虽然不会直接决定人的行为，但它作为一种基本假设，给人的行为设定了范围。德韦克把个体对人的基本特性是否可变的看法叫作内隐理论(implicit theory)。必须强调的是，虽然也称“理论”，但内隐理论并不是心理学家建构的人格理论，而是普通人(lay person)对人的基本特性持有的朴素观点。两者有什么区别呢？心理学家的理论一般经过深思熟虑乃至实证研究，有严密而清晰的表达，是公开透明的观点；普通人的朴素理论却是不自觉的，如不细想，甚至意识不到自己实际上持有这种观点，因而被冠以“内隐”之名。不可变与可变构成内隐理论的两极，如果一个人认为人的某种基本属性是一种稳定的特质，无法根据主观意志人为改变，他持有的就是实体论（entity theory）或固定型心理模式（fixed mindset）；如果一个人认为人的某种基本属性是发展变化的，可以通过努力加以调整，他持有的就是渐变论（incremental theory）或发展型心理模式（growth mindset）。实体论和渐变论反映了普通人在人性是否可变这个问题上的两种截然相反的看法。“江山易改，本性难移”便是典型的实体论，“士别三日，当刮目相看”则是典型的渐变论。这两种说辞都广为流传，几乎人尽皆知，说明实体论和渐变论的朴素观点在人群中广泛存在。

虽然只是普通人的朴素看法，但内隐理论跟某些哲学观点竟不谋而合。当然，也可能是哲学家审视自己的内隐理论然后建构了相应的哲学观点。英国哲学家怀特海（Alfred North Whitehead）提出两种世界观：静止的世界观（static world view）和动态的世界观（dynamic world view）。静止的世界观认为世界是静止的，要想认清它的本质，就要测量各种固定的属性，并加以量化；动态的世界观认为世界是发展变化的，要想认清它的本质，就要分析它的动态过程。德韦克曾明确指出，普通人的内隐理论与怀特海的两种世界观具有一一对应的关系（Dweck, Chiu, & Hong, 1995）。实体论者（entity theorist）把人性看作由稳定的内在特质决定的现象，这种特质就好像物理实体一样可以进行测量和量化，以此获得有关它的知识。在实体论者的眼中，人性很简单：特质决定行为，行为体现特质，知道一个人的特质就可以预测他的行为。相反，渐变论者（incremental theorist）认为人是会变的，人性的发展是一个动态的过程，仅在某时、某地进行一次测量不可能把握人性的动态本质。在发展的视角下，要想了解人性就必须清楚行为结果背后的行为过程，以及行为背后的心理过程。

7.2 实体论者和渐变论者的心理模型

实体论和渐变论各有利弊,前者建构的人性简单、更具确定性,但比较刻板;后者建构的人性灵活,容许更多可能性,但具有较大的不确定性,难以把握。实际上,研究者并不想知道哪种朴素理论建构的现实更加准确,他们更加关注实体论者和渐变论者在认知和行为上的差异,以及这种差异对人生的影响。曾有研究者建构了一个模型,从核心信念、指导性信念和加工策略三个层面系统总结了实体论者和渐变论者的心理模型差异(Levy, Plaks, & Dweck, 1999; 王墨耘, 傅小兰, 2003)(见表 7-1)。

表 7-1 实体论者和渐变论者的心理模型对比

	实体论者	渐变论者
核心信念	人格特质是稳定不变的;	人格特质是可以改变的;
指导性信念	人的特质具有跨时间和跨情境的稳定性;	人的特质可能会随着时间和情境的变化而变化;
	特质是行为的首要决定因素;	对背景敏感的心理调节因素是行为的首要决定因素;
	特质是人格的构成单元,是一种深层特性;	特质是对行为的概括性描述,并不是人的潜在基本特性;
	特质稳定、可靠地表现在行为中,因此特质判断很容易;	行为受动态因素的影响,很难根据少量行为进行人格判断;
	群体成员具有相似的特质;	群体成员可能并不相似;
加工策略	以促进基于特质的判断为目的来选择、编码和组织信息;	以促进对心理调节因素的认识为目的来选择、编码和组织信息;
	快速、有信心的极端特质判断;	动态、暂时和温和的判断;

实体论者的心理模型。实体论者的核心信念是,人格特质是稳定不变的,基本上不受人的努力、动机以及情境的影响。以这种核心信念为基础,会衍生出其他一些信念,即指导性信念。比如,实体论者认为人格

由特质构成，而特质是一种深层结构，是行为的首要决定因素。当然，他们也意识到人的心理有具体的动态发展过程，情境也能左右人的行为，但他们觉得不论是具体的心理过程，还是情境对人的影响，最终还是会受到这个人特质的支配。一个人的特质决定他选择什么样的目标、产生什么样的情感，乃至进入什么样的情境。换句话说，动机、情绪和情境等看起来会影响行为的因素实际上只是附加在心理系统上的随机干扰，它们对行为的影响归根结底还是在特质限定的范围内波动。实体论者相信，不论何时，不论何地，人的行为最终都会与特质相符，外显行为与潜在特质之间是一种简单的对应关系。因此，他们认为要认清一个人其实非常容易，只需观察他的少量行为就足以推测他具有哪些特质，进而准确预测他今后的行为。相应地，实体论者也笃信“物以类聚，人以群分”的格言，既然特质引导一个人选择自己所在的环境，那么聚拢在一起的某个群体自然是特质相似度很高的一批人，要了解一个群体的特质，只需看其中少数几个人的行为就够了；知道了这个群体的特质，就可以准确预测群体成员的行为。正因为有这样一些指导性的信念，实体论者在对人（包括自己）进行判断时的加工策略总以促进特质判断为目的，他们倾向于关注一致性信息以快速形成特质判断，形成初始判断后就偏好能证实这一判断的信息，他们对人的特质的判断迅速、极端且信心十足，即使发现了不一致的信息，也很少修正之前的判断。

渐变论者的心理模型。渐变论者的核心信念是人格特质是可以改变的，人的努力、动机以及情境都会对人格特质产生实质性的影响。在这种信念的基础上，渐变论者对人性的把握更加强调动态过程（而不是静态特质），他们认为需要、目标、认知、情绪和效能等对背景敏感的心理因素才是人格的构成基础和行为的首要决定因素。渐变论者并不排斥特质术语，但仅仅把它当作一种术语，用于概括和描述行为，而不是将其当作内在的根源性解释。当人的行为表现出一致性时，比如一个人身上同时出现“喜欢独自看电影”“说话少”“不喜欢参加聚会”等行为时，就可以暂时用“内向”这一特质术语来描述他，但内向并不是这些行为的原因。如果这个人出现了与上述行为不一致的表现，那么随时可以修正“内向”这一描述。正因为他们认为人的行为由需要、目标、认知和情绪等容易受情境影响的因素决定，具有很大的变化性，所以渐变论者不会只依据少量行为信息就对人作出结论性的判断。他们认为，要认清一个人没那么简单，也不能怕麻烦，必须观察更多的行为，而且要在不同的时间和情境下观察人的行为，才能更有把握（Shoda & Mischel, 1993）。渐变论者也不主张只依据少数人的行为来判定群体的特征，他们认为，即使处于同一群体中的人也有相当大的差异性，少数成员的行为不能代表和预测群体的一般情况。在这些信念的指导下，渐变论者对人进行判断时的加工策略更加强调影响心理过程的具体因素，追求更加全面的信息，因此他们在信息加工的过程中更加注意不一致的信息，作出的判断也比较温和、谨慎，不急于下结论。

据说，德韦克有关内隐理论的想法始于1979年的一次学术休假（Indicated, 2011），而内隐理论的心理模型发表于1999年（Levy, Plaks, & Dweck, 1999），时间跨度刚好是20年。在此期间，内隐理论研究涉及人的各种属性，包括智力内隐理论（implicit theory of intelligence）（Henderson & Dweck, 1990）、人格内隐理论（implicit theory of personality）（Erdley & Dweck, 1993；Levy & Dweck, 1999），以及道德内隐理论（implicit theory of morality）（Chiu et al., 1997）等，基本澄清了实体论者和渐变论者的信念系统和认知模式。然而，有关内隐理论的探索并未停止，反而愈演愈烈，各类研究至今仍层出不穷，时常涉及有趣的新属性，如最近出现的兴趣内隐理论（implicit theory of interest）（O'Keefe, Dweck, & Walton, 2018）等。在这些研究中，心理学家运用特定的工具来评估个体的内隐理论，并设计严密的实验程序考察内隐理论与各种结果变量之间的关系，他们用数据告诉我们，实体论和渐变论的朴素思想到底如何引导我们的认知和行为。

7.3 内隐理论的测量与评估

内隐理论的评估比较简单，一般使用一个只有 3 个题目的问卷（见表 7－2），在某些情况下也会增加到 4 个题目（Erdley & Dweck，1993）。为什么只用这么少的题目？研究者认为，内隐理论量表测量的只是一个简单的、单维度的信念，所有题目基本上意思相同，因此只用 3 个或 4 个题目就够了，如果用很多题目反复表达相同的意思，只会让答题的人感到困扰和乏味（Dweck，Chiu，& Hong，1995）。由于量表的内部一致性信度与题目数量呈正相关，因此题目太少的一个隐忧是量表的内部一致性信度会比较低。德韦克和同事就曾因为这一点把人格内隐理论量表的题目由 3 个增加到 4 个，内部一致性系数也从 0.71 增加到 0.78（Erdley & Dweck，1993）。但后来，又有研究者总结，即使不增加题目，这种量表的内部一致性信度在大部分研究中也都超过 0.80，因此信度偏低并不是一个普遍现象（Dweck，Chiu，& Hong，1995）。

评估一个人的内隐理论，有一个问题比较关键，即一个人会持有多少种内隐理论。有人可能只持有一种彻底的内隐理论，即认为所有属性在固定—发展维度上的方向是相同的，如果他是实体论者，就会觉得智力、人格和道德等所有属性都是稳定不变的，反之，如果他是渐变论者，就会觉得所有属性都是可以通过努力人为改变的。在这类人中，内隐理论是跨领域共通的。有人在不同的属性上持有的内隐理论不一致，如相信智力不能改变，却相信道德可以改变。在这类人中，内隐理论具有领域特殊性。可见，人的信念系统很复杂，评估内隐理论不能只使用一个统一的量表，应该针对每个可能的属性设计相应的量表。因此，智力内隐理论、道德内隐理论和人格内隐理论等就各自有独立的量表。但是，不管评估哪种内隐理论，基本表述都差不多，只需要根据内隐理论涉及的基本属性在措辞上作出相应的调整即可。表 7 - 2 分别列出了智力内隐理论、道德内隐理论、人格内隐理论、兴趣内隐理论、人的内隐理论(implicit person theory)和世界内隐理论(implicit theory of the world)等量表的题目。可以看出,智力、道德、人格和兴趣都是人的不同属性,分别建构量表就是考虑到内隐理论具有领域特殊性;人的内隐理论则把与人有关的诸多属性当作一个整体,建构一个统一的量表,这是考虑到内隐理论还有跨领域共通的一面。实际上,个体在智力内隐理论和道德内隐理论上的得分可以显著预测他在人的内隐理论上的得分,但世界内隐理论对人的内隐理论没有显著的预测作用。可见,不论是针对各个属性分别建构量表,还是将各个属性作为一个整体建构统一的量表,有关人的属性的内隐理论之间都有内在联系,但它们与有关世界的内隐理论之间没有内在联系。这种结果模式也说明,内隐量表具有令人信服的会聚效度和区分效度。

表 7 - 2 各种内隐理论题目

智力内隐理论: 1. 人的智力水平是稳定的,并不能人为改变多少。 2. 智力是一个人身上无法改变的部分。 3. 人能学会新知识,但最基本的智力水平改变不了多少。
道德内隐理论: 1. 道德水平是一个人非常基本的方面,不可能改变很多。 2. 一个人是否真诚可靠扎根于他的人格深处,改变不了多少。 3. 做什么都无法改变一个人的道德品质(如尽责、正直和诚实等)。
人格内隐理论: 1. 人格是一个人身上比较基本的方面,不可能改变很多。 2. 一个人可以表现出一些讨人喜欢的行为,但他改变不了自己真正的人格。 3. 每个人都有特定的人格,它改变不了多少。 4. 一个人可以改变他的行为方式,但他的真实人格是无法改变的。
兴趣内隐理论: 1. 说实在的,你的核心兴趣会一直是你的核心兴趣,这改变不了。 2. 兴趣是会改变的,不管它现在看起来多么重要。 3. 人会不断接触新事物,但他的核心兴趣是不会改变的。 4. 即使你对某事有着强烈的兴趣,也可能转而对别的事物产生兴趣。

续 表

人的内隐理论： 1. “他是什么样的一种人”是一个人非常基本的方面，不可能有很大改变。 2. 人可以改变自己的行为方式，但有关“他是谁”的那些重要部分是不可能真正改变的。 3. 每个人都有自己所属的类型，不管怎么做都无法使其发生实质性的变化。
世界内隐理论： 1. 虽然我们能够改变某些现象，但不可能改变这个世界的核心属性。 2. 我们的世界有其根深蒂固的性质，我们无法对它作出多大改变。 3. 有些社会潮流可能兴盛一时，但这个世界的本质是不会有多大改变的。

内隐理论的测量采用 6 点量表（1＝非常同意；2＝同意；3＝大部分同意；4＝大部分不同意；5＝不同意；6＝非常不同意）计分，要计算一个人某种内隐理论的得分，就要把所有题目的得分加起来求平均数，这个分值在 1～6 之间，分数越高，意味着答题者越支持渐变论。在大多数情况下，为了确保参与研究的人员在内隐理论方面界限分明，研究者把得分在 3 分及以下的答题者设定为实体论者，把得分在 4 分及以上的答题者设定为渐变论者。按照这个标准，一般会有 15％的人被排除，他们既不是典型的实体论者，也不是典型的渐变论者。在剩下的 85％的人中，实体论者和渐变论者基本各占一半。

有关内隐理论的量表还有一个问题经常被提及：为什么绝大部分题目的表述都以实体论的表述方式出现，但诸如“人格是可以通过努力改变的”之类的渐变论的表述方式并不常见？原因很简单，以渐变论的方式表述题目太容易得到认可，一旦出现这样的题目，那些本来已经认可实体论的答题者也会转变观点表示认可渐变论。可见，渐变论的表述似乎具有强制性，让人不由自主地表示认可。可能每个社会中，人们都认可发展的眼光才是正确合理的，因而渐变论有比较强的社会称许性。即使内心深处认可实体论的人，也很愿意让自己看起来具有发展的眼光。为了回避渐变论表述方式的这种迫选性，很多时候研究者不得不将这种表述的题目从绝大多数量表中排除（Dweck，Chiu，& Hong，

1995)。但这样做又出现了另外一个问题：认可实体论的题目(认为人的属性是不变的)当然意味着答题者持有实体论,但不认可实体论的题目(否认人的属性是不变的)是否就一定意味着答题者持有渐变论？答案是肯定的。有研究者曾让答题者解释自己的选项,那些不同意实体论表述的答题者都表现出非常明确的渐变论信念(Henderson, 1990)。实际上,德韦克曾经开发出一个既包含渐变论表述,又包含实体论表述的量表,量表共有 8 个题目,其中 4 个题目采用渐变论表述。研究者将该量表与上述只包含 3 个题目的量表(仅采用实体论表述)进行相关分析,结果发现,答题者在两个量表上的得分的相关系数为 0.83～0.92,如此大的相关系数说明两个量表测量的几乎是同一种心理结构。如果把该量表中采用渐变论表述的 4 个题目单独抽取出来,与采用实体论表述的只包含 3 个题目的量表进行相关分析,相关系数为－0.86～－0.69,如此大的负相关系数说明两个量表其实是对同一个心理结构的不同表述,也就是说,不认可实体论确实意味着认可渐变论(Levy & Dweck, 1998)。

7.4 智力内隐理论、目标和无助感

内隐理论的研究是从智力这一属性开始的(Dweck & Leggett, 1988)。起初,德韦克在有关儿童习得性无助的研究中归纳出儿童的两种行为模式：掌握取向的行为模式(mastery-oriented pattern)和无助反应的行为模式(helpless response pattern)(Dweck, 1975)。前者着眼于努力和方法,面临失败仍坚持奋斗,积极思考更有效的问题解决方式;后者着眼于能力评价,遭遇失败会怀疑自己的能力水平,陷入消极情绪中,放弃努力和坚持,最终导致成绩下降。这两类儿童在实际智力上并没有差异,在学习中的表现却判若云泥,德韦克的学术生涯就始于对这类现

象的关注。如前所述，她最初以为两种行为模式的差异根源于归因方式的不同，因而试图改变儿童的归因方式以便儿童获得抵抗失败的能力。这种思路和实践取得了一定成效。但之后她意识到，归因是个体遭遇某个结果之后才出现的认知活动，当结果尚未出现时，归因这一解释就不那么站得住脚了。

那么，应该用什么来解释上述现象呢？德韦克想到人的目标(Dweck & Elliott, 1983)。目标决定着个人对成败得失的解释和反应，应该是比归因更加深层次的心理结构。以上述儿童为例，面对失败比较脆弱的儿童持有的目标叫作表现目标(performance goal)，他们看重成绩，希望比别人表现好，害怕显得无能。面对失败比较坚韧的儿童持有的目标叫作学习目标(learning goal)，他们看重知识和技能的掌握，希望在学习中尽量提升能力，如果失败能够提供有助于提升能力的信息，他们也能坦然接受。这种解释看起来很有道理，但问题又来了，在同样的情况下，为什么有些儿童持有表现目标，而有些儿童持有学习目标呢？德韦克这才提出了更加本源的心理结构——智力内隐理论。持有表现目标，是因为这些儿童认为能力是固定不变的，自认为能力强的人就乐于展示自己的能力，而自认为能力差的人就变得习得性无助，因为他们不相信这个状况能够得到改善；持有学习目标，是因为这些儿童认为能力是可以通过努力改善的，成功也好，失败也罢，客观上都是对技能掌握与否的一种反馈信息，都有益于能力的提升。至此，德韦克对儿童习得性无助现象的解释才算告一段落，有了十分清晰的逻辑：智力内隐理论决定一个人的目标倾向，而目标倾向决定个体对失败的认知(归因)和反应。

实体论者真的更可能持有表现目标吗？实证研究的结果显示的确如此。研究者设计了两种任务情境：一种情境体现表现目标，它让人有机会获得与自己智力相关的积极评价，避免消极评价，但学不到什么新东西；另一种情境体现学习目标，它让个体有机会提升自己的能力，但会显得比较无知，在智力上会不停地受到消极评价（Dweck & Leggett, 1988）。结果发现，在智力上持有实体论的人明显比较偏爱第一种任务情境，他们宁可学不到什么东西，也要确保在能力上显得高人一等，这是因为在智力上持实体论的人特别在意能力，遭遇失败后也更容易将失败的结果归咎于自己的能力；在智力上持有渐变论的人遭遇失败时更关注努力和策略等影响结果的具体因素，而不是把能力看作固定的特质以解释失败的结果。另有研究曾向大学生呈现学习中的 3 个失败场景（如期末考试不及格等），呈现每一个场景后都会问，碰到这种情况你会怎么想，怎么做。实体论者的回答显示失败正在摧毁他们对自己能力的信心（如"我会觉得自己是个笨蛋"），渐变论者的回答则显示他们正在思考新策略并准备付出更多努力，他们觉得失败是因为自己投入的精力不够，或者之前的策略缺乏效率（Zhao & Dweck, 1994）。

还有研究考察了一批从小学六年级升到初中一年级的学生，评估他们的智力内隐理论，记录他们小学六年级和初中一年级的成绩，以及他们对学习活动的情绪反应（Henderson & Dweck, 1990）。小学升初中是一个比较艰难的时期，学业难度增大，遭受的挫折和失败必然更多。面对这些挑战，持有不同智力内隐理论的学生会有什么不同的表现呢？结果显示，在持实体论的学生中，那些小学时成绩相对较差的学生，升入初中后成绩依然较差，那些小学时成绩相对较好的学生，升入初中后成绩排名会有比较明显的下降。持渐变论的学生则不然，那些小学时成绩较好的学生，升入初中后成绩依然较好，那些小学时成绩相对较差的学生，升入初中后成绩排名有较大的进步。此外，持实体论的学生面对学习任务时消极情绪更多。这样的结果在上述向大学生呈现学习中的 3 个失败场景的研究中也有体现：当要求大学生报告面对学业失败时的所思所想、所作所为时，在智力上持实体论的大学生表现出更多消极情绪和无助反应（如逃避学习等），持渐变论的大学生则表现出更多掌握取向的行为（如计划投入更多精力和尝试新方法等）（Zhao & Dweck, 1994）。

之后，更多研究得到基本一致的结论。在一项元分析中，智力内隐理论与表现目标、学习目标、无助策略、掌握策略、消极情绪和预期之间的关系模式都符合德韦克的理论构想。这项元分析涉及来自 10 个国家的 28 217 名被试，年龄为 5 岁到 42 岁，其中 58%的被试是美国人，44%的被试是女性，说明这种理论构想在广泛的人群中是成立的（Burnette et al.，2013）。

7.5 人格内隐理论和社会判断

在人的属性中，除了智力，还有道德、人格等非常重要的方面，有关道德、人格等属性的内隐理论也对人的生活有重要影响。例如，有研究发现青少年的人格内隐理论与社会适应性有很大关系（Yeager et al.，2014）。刚刚升入高中的青少年面对比较剧烈的生活改变时，会比其他人生阶段经历更多社交问题（如被同伴孤立等），面对这些问题时，对人格持实体论（如认为"有些人天生就是恶霸，有些人则天生是受害者，这个是改变不了的"）的青少年就会处于相当不利的境遇，他们会体验到更大的压力，更多消极情绪，出现更多健康问题，人会变得自卑，学习成绩也会变差。研究者设计了一种干预程序，试图教会青少年以发展的眼光看问题，让他们相信人是会变的，接受这种干预程序的青少年面对上述社交问题时消极体验比较少，8 个月后他们报告的压力和健康问题也相对较少。

在对他人进行判断时，实体论者和渐变论者的认知遵循的模式也不相同。两者的差异与上述心理模型的差异基本一致，实体论者把道德和人格等属性看作固定的特质，特别容易根据有限的行为信息对他人作出诸如"性格不好"或"品行不端"的整体性判断，主张用惩罚的手段对待有不良行为的人；渐变论者则认为人的这些属性是变化发展的，他们会综合考虑可能影响行为的具体因素，不轻易对他人下结论，主张对有不良行为的人开展教育和干预(Dweck, Chiu, & Hong, 1995)。实体论者和渐变论者在判断倾向上的差异已经在不少实证研究中得到证实。例如，在一项研究中，向被试呈现一系列行为，每种行为都有明确的实施者，然后询问被试，这些行为能否体现实施者的道德品行(即他们是好人还是坏人)(Chiu et al., 1994)。研究者提供了三种行为：积极行为(如为别人冒生命危险)、消极行为(如偷车)和中性行为(如早上整理床铺)。结果显示，实体论者明显比渐变论者更加容易认定这些行为——不论是积极行为、消极行为，还是中性行为——是一个人道德品行的体现。

德韦克的一项研究对实体论者顽固的特质判断倾向有更加细致的展现(Erdley & Dweck, 1993)。研究者用幻灯片给被试(10岁左右的小学生)呈现一个小男孩的故事，然后让他们对这个小男孩进行特质判断。在研究一中，有53个实体论者和40个渐变论者观看了故事。他们要看62页幻灯片，故事内容分为三个部分：第一个部分用26页幻灯片描述这个小男孩转到新学校的第一天，第二部分用20页幻灯片描述这个小男孩在开展手工活动，第三部分用16页幻灯片描述这个小男孩加入一个游戏小组。在故事中，这个小男孩会有一些不当的行为表现(如向全班作自我介绍时害羞、紧张，手工材料散落一地，参加小组活动时打翻别人搭建的模型等)。最后5页幻灯片有两个版本：在一个版本中，小男孩仍然独自一人，没能融入小组；在另一个版本中，小男孩开始与其他组员一起重建模型。也就是说，一组被试看到小男孩一直保持笨拙的行为模式(行为一致组)，另一组被试则看到小男孩的行为有所改善(行为改善组)。看完幻灯片后，研究者要求被试在8点利克特量表(1=一点也不像；8=非常像)上判断自己在多大程度上认为这个小男孩是一个害羞的、笨拙的、焦虑的、有趣的、友好的……人。研究结果显示，行为改善组中的渐变论者比行为一致组中的渐变论者在消极特质(害羞的、笨拙的和焦虑的)上的评分更低，而行为改善组中的实体论者与行为一致组中的实体论者在消极特质上的评分没有显著差异。可见,行为改善的信息对渐变论者而言是有意义的,会让他们调整之前形成的特质判断,但行为改善的信息并不能触动实体论者,他们依然会维持之前形成的特质判断。

在研究二中,有 83 个实体论者和 75 个渐变论者观看了故事,程序与研究一基本一致。他们要看 96 页幻灯片,也分成三个部分:第一部分用 21 页幻灯片描述小男孩转校后的第一天,第二部分用 24 页幻灯片描述小男孩做数学作业,第三部分用 51 页幻灯片描述小男孩开展手工活动。研究二中小男孩的不当行为(自我介绍时编造光辉的经历,做数学题时抄同桌的答案,在别人不知情的情况下拿走别人用剩下的手工材料以便自己用等)更加严重。这个故事的结尾也有两个版本,行为一致组中小男孩没有归还拿走的东西,而行为改善组中他最终归还了拿走的东西。研究二中,被试作出判断的特质形容词也有所变化(不诚实的、欺骗的、像贼的、负责的、体贴的……),除此之外,他们还要在 8 点量表上回答以下四个问题。

1. 你觉得老师应该给他多大的惩罚?(1=不惩罚;……;8=严厉惩罚)

2. 你觉得几周后他会不会还是这样?(1=老样子;……;8=完全不同)

3. 你同情他吗?(1=不,这全是他自找的;……;8=同情,其实他无意犯错)

4. 你觉得他到高年级后会是个大麻烦吗?(1=会;……;8=不会)

研究二的结果显示,渐变论者看到行为改善后会修正对小男孩的判断,但实体论者不会,他们的想法依旧很顽固。此外,相比于渐变论者,实体论者倾向于认为小男孩到高年级后会是个大麻烦，不仅对他抱以更少的同情，而且认为应该给予他更大的惩罚。

总的来说，这项研究明确展示了人格内隐理论与社会判断之间的关系，实体论者容易用老眼光看人，对行为变化不敏感，很难原谅“犯错者”；渐变论者则会用发展的眼光看人，能根据行为变化调整自己以前的判断。之后，另有研究尝试通过实验操纵暂时改变被试的人格内隐理论，发现了相应的社会认知判断方式的改变，这说明人格内隐理论与相应的社会判断方式之间可能存在因果联系（Chiu et al.，1997）。

7.6　兴趣内隐理论和“三分钟热度”

有关兴趣内隐理论的研究也颇有意思，研究者用内隐理论的思路解释“三分钟热度”这一现象（O'Keefe，Dweck，& Walton，2018）。人们常说，“兴趣是最好的老师”。对一件事情感兴趣，意味着个体心甘情愿地为此投入时间和精力，不但不感到辛苦，反而有莫大的快乐。从这个意义上讲，兴趣是一种神奇的个人属性，它对人的重要性一点不亚于智力和人格。个体在兴趣内隐理论上持有不同的信念，会产生十分重要的个体差异。简单来说，对兴趣持实体论，即认为兴趣是天生的固定属性，不能够改变，会让人固守自己的兴趣领域，难以对兴趣范围之外的事物产生兴趣；对兴趣持渐变论，主张这种个人属性具有可塑性，会让人对各种事物保持开放的态度，愿意培养与当前兴趣不同的其他兴趣。研究者通过两项研究充分展示了这种个体差异，除此之外，研究者还用一项研究展示了兴趣实体论者和渐变论者之间某种预期上的差异：实体论者认为兴趣会让人产生无穷的动力，做自己感兴趣的事情根本不会觉得困难、乏味，如果感到困难、乏味，那么说明这件事不是自己的兴趣所在，不值得继续投入精力；渐变论者则没有这种预期，他们不觉得兴趣会降低一件事情的难度,因而碰到挫折他们的热情也不会消退。从这个意义上讲,对兴趣持实体论的人更可能出现“三分钟热度”的现象(O'Keefe, Dweck, & Walton, 2018)。

在第一项研究中,研究者利用网络调查招募到126名大学生。根据对他们兴趣的调查结果,研究者将这批大学生分成两类:爱好理科组(64人)和爱好文科组(62人)。之后,每名大学生都要阅读两篇文章,一篇文章发表于《科学》(*Science*),内容涉及互联网技术的未来发展,主要强调在互联网中使用进化算法相比于传统技术的优势(Hornby & Kurtoglu, 2009)。另一篇文章发表于《现代语言学会会刊》(*Proceedings of the Modern Language Association*),讨论文学评论的未来以及法国哲学家德里达(Jacques Derrida)的影响(Klein, 2010)。前者是一篇典型的理科文章,后者则明显是文科文章,两篇文章的字数和格式都相当。两篇文章的呈现顺序经过特别设定:爱好理科组先读文学评论,后读互联网技术评论;爱好文科组则先读互联网技术评论,后读文学评论。也就是说,两组被试都是先阅读与自己兴趣相悖的文章,后阅读与自己兴趣相符的文章。读完两篇文章之后,还要在一个修订过的兴趣量表上评估自己对这两篇文章的喜爱程度。完成整个阅读程序之后,开始评估被试的兴趣内隐理论。正如研究者所预期的,越是相信兴趣不能改变(实体论)的大学生就越不容易喜欢自己兴趣范围以外的内容;越是相信兴趣可以培养(渐变论)的大学生就越对信息保持开放态度。

研究者还使用实验程序引导被试产生不同的兴趣内隐理论,结果发现,这种诱发的信念也会影响个体对信息的开放程度(O'Keefe, Dweck, & Walton, 2018)。这项研究招募了89名被试,将他们随机分配到两个小组:兴趣实体论组和兴趣渐变论组。两个小组的被试都要阅读一篇有关兴趣的论文以引导他们产生相应的内隐理论,实体论组阅读的论文主张兴趣是天生的,很难改变;渐变论组阅读的论文则主张兴趣是可塑的,取决于个体对相应领域的投入程度。两篇文章都以著名人物(如爱因斯坦）为例，说明兴趣在人生历程中是如何保持稳定（或发展变化）的。接受启动之后，被试会先阅读一篇与自己兴趣相悖的论文，然后阅读一篇与自己兴趣相符的论文，最后评估自己对两篇文章的喜爱程度。最后的结果与研究者的设想一致，被启动实体论信念的被试更不容易接受自己本来不感兴趣的内容，被启动渐变论信念的被试则比较灵活、开放，接触本来不感兴趣的内容之后，能够培养出一定的兴趣。

持不同兴趣内隐观的人，对困难和挫折的抵抗力也不同，持实体论的人很容易知难而退，而持渐变论的人在困难面前仍然能够保持热情。研究者以天文学为例来探索这个问题。天文学看似神秘、有趣，却有着相当大的难度。浩瀚的宇宙，遥远的星系，多种可能的生命形态，想想都让人心潮澎湃，恨不得立即踏上星辰大海的征途。但是，稍微展开深入的研究就会遇到许多抽象的概念，还对数学有很高的要求，这些困难让人望而生畏。这个领域非常适合用于检验人们的兴趣。在第三项研究中，研究者招募了一群大学生，先把他们随机分配到实体论组和渐变论组，分别接受不同的兴趣内隐理论启动（O'Keefe，Dweck，& Walton，2018）。接着让他们听一段 2 分 40 秒的有关黑洞和宇宙起源的音频，并询问他们对这个内容的兴趣。据此，研究者选出 71 名对黑洞主题非常感兴趣的被试。接着，研究者要求这 71 名被试阅读《科学》中一篇有关黑洞的论文（Begelman，2003），并在阅读完之后评估自己对这篇论文感兴趣的程度，同时也评估阅读材料的困难程度。结果符合预期，在感到阅读材料并不难的被试中，实体论组和渐变论组对黑洞主题的兴趣没有差异；但在感到阅读材料很难的被试中，实体论组的兴趣不如渐变论组，也就是说，实体论让人在困难面前表现出兴趣减退的现象。为何会发生这种现象呢？研究者解释说，这是因为实体论者和渐变论者有着不同的预期。前者认为如果对一件事情感兴趣，就不会觉得困难；后者则没有这种预期，因此也不会一旦遇到困难就怀疑自己的兴趣。

总而言之，这一组研究再次说明，实体论是一种比较刻板的认知倾向，它会把人的热情限定在比较小的范围内，对新的可能性浅尝辄止。另外，由于可能抱有兴趣会降低难度的预期，实体论者的热情也比较脆弱，很容易在困难面前丧失热情。渐变论则让人对信息持开放的态度，愿意培养不同领域的兴趣。此外，渐变论者对困难有更多心理准备和包容，他们的热情能够经受住考验。

7.7 内隐理论的起源与改变

从之前的描述可知，持有实体论会伴随不利的结果，持有渐变论则能更好地适应各种生活情境。而且，大多数文明社会确实非常推崇渐变论。既然如此，岂不是人人都应该坚定地持有渐变论。但情况显然并非如此，还是有不少人形成相对稳定的实体论信念。这就让研究者很想知道：实体论信念源于何处？另外，如果一个人知道自己持有不太好的实体论，希望改变这种信念，他能够做到吗？在回答这些问题之前，应该先了解内隐理论这种心理结构在人格中处于哪个层面。德韦克曾以同卵双生子为例来阐述这个问题。她介绍了两对同卵双生子，分别从不同层面表现他们在人格上惊人的相似性(Dweck, 2008)。

> 出生后不久，斯普林格和刘易斯就被分开抚养。他们的第一个妻子名字都叫琳达，离婚后再娶的第二个妻子名字竟然又一样，都叫贝蒂。这也太巧了！斯普林格喜欢木工，刘易斯喜欢机械制图，他们的兴趣很相似。人格测验的结果也显示，两者在社会性、变通性和自我控制这三种人格特质上也处于基本相同的水平。
>
> 赫伯特和古德谢也是一对分开抚养的同卵双生子。她们 39 岁重聚时，都穿着米色连衣裙和棕色天鹅绒夹克，穿着上神奇地相似。

她们都有向上推鼻子的古怪习惯，咯咯笑起来都没完没了，比谁都持久。

除了妻子的名字相同等巧合之外，第一对同卵双生子的相似性还体现在兴趣、社会性、变通性和自我控制等基本人格特质层面，第二对同卵双生子的相似性则体现在具体的行为习惯和偏好层面。基本特质和具体偏好都是人格研究（特别是双生子研究）比较强调的人格层面。回到刚才的问题：个体的内隐理论处于哪个层面，是基本特质，还是具体的行为偏好？德韦克的答案是，两者都不是。她认为，内隐理论作为一种世界观或信念，在人格结构中介于基本特质和具体偏好之间。在实证研究中，确实很难找到支持内隐理论属于人格特质的证据，它与“大五”人格特质、自尊、受教育程度以及认知复杂性等人格变量都不相关（Bastian & Haslam, 2006）。这实际上是一件好事。因为特质有深层的基础，极难改变；但信念没有那么顽固，它具有一定程度的波动性，每时每刻都在发生轻微的改变。既然如此，我们就可以明确回答“内隐理论是否可以改变”的问题。答案明显是肯定的。

在兴趣内隐理论的研究中，研究者通过简单的实验操作使个体的内隐理论发生了暂时的改变（O'Keefe et al., 2018）。还有研究者通过干预程序使个体的内隐理论产生较为稳定的效应（Burnette & Finkel, 2012）。在接下来的一项研究中，研究者招募了一批致力于减肥的人，每隔两周给他们发一次邮件，一共发 5 次。实验组被试接受内隐理论改造程序，他们收到的邮件主要提供以下四个方面的信息。

(1) 阅读材料（植入体重可以改变的观念，如基因只决定了一个人体重的大致范围，通过努力，人最终可以改变自己的体重）；

(2) 语音材料（继续植入体重可以改变的观念，如不管家族中有没有肥胖的人，一个人总可以通过努力维持理想的身材和体重）；

(3) 减肥成功人士的介绍;

(4) 总结(强调体重渐变论的有效性和证据)。

研究结果显示,实验组被试的减肥效果比控制组好。这个程序在较长的时期产生了效果,可见它使人的内隐理论发生了比较稳定的变化。正因为这种可塑性,德韦克认为心理学研究者关注信念比关注特质更有用。我们可以评估一个人的内隐信念,分析它的利弊,然后用一定的程序来改善它,帮助人们学习和成长,维持满意的人际关系,更有成效地工作和学习,关心他人以及从挫败中恢复(Dweck, 2008);对于特质,我们也能通过测验来评估,但了解一个人的特质之后,我们又能做什么呢?最多根据这种特质选择合适的环境,并没有机会让自己的人格得到成长与改善。

不过,在生活中并没有多少人能意识到自己的内隐理论,更不用说去改变它。回到刚才的问题:内隐理论是怎么形成的?德韦克认为,儿童时期个体与成年人的互动可能会决定他形成何种内隐理论。对重视孩子教育的家长来说,德韦克等人的研究十分具有借鉴价值(Mueller & Dweck, 1998)。这项研究做了六个实验,研究结果可以用一句简单的话总结:夸孩子聪明不如夸孩子努力。夸奖孩子时强调聪明,会让孩子形成能力的实体论;强调努力,则有助于形成能力的渐变论。

7.8 本章小结

德韦克把个体对人的基本属性是否可以改变的看法叫作内隐理论。可变与不可变的看法构成内隐理论的两极,如果一个人认为人的某种基本属性是一种稳定的特质,无法根据主观意志人为改变,他持有的就是实体论或固定型心理模式;如果一个人认为人的某种基本属性是发展变化的，可以通过努力加以调整，他持有的就是渐变论或发展型心理模式。持有实体论的人和持有渐变论的人在基本信念上有许多不同。

实体论者认为，人的基本属性是不变的，人格由特质构成，而特质是行为的首要决定因素，外显行为与潜在特质之间是一种简单的对应关系。因此，认清一个人其实非常容易。实体论者笃信“物以类聚，人以群分”。他们对人（包括自己）作出判断时的加工策略总是以促进特质判断为目的。渐变论者认为，人的基本属性是可塑的，需要、目标、认知、情绪和效能等因素才是人格的构成基础和行为的首要决定因素，要认清一个人没那么简单。渐变论者也不主张只根据少数人的行为来判定群体的特征，他们对人作出判断时的加工策略更加强调影响心理过程的具体因素，追求更加全面的信息。

内隐理论量表测量的只是一个简单的、单维度的信念，因此一般只使用 3 个或 4 个题目。这样的量表有很多种，包括智力内隐理论量表、道德内隐理论量表、人格内隐理论量表、兴趣内隐理论量表、人的内隐理论量表和世界内隐理论量表等。智力、道德、人格和兴趣都是人的不同属性，分别建构量表就是考虑到内隐理论具有领域特殊性；人的内隐理论则把与人有关的诸多属性当作一个整体，建构一个统一的量表，这是顾及内隐理论还有跨领域共通性。

德韦克对儿童习得性无助现象的解释有十分清晰的逻辑：智力内隐理论决定个体的目标倾向，而目标倾向决定个体对失败的认知（归因）和反应。如果儿童认为能力可以改变，那么他们一般会持有学习目标，看重知识和技能的掌握，希望在学习中尽量提升能力，如果失败能够提供有助于提升能力的信息，那么他们也能坦然接受。如果儿童认为能力是固定不变的，就会持有表现目标，他们看重成绩，希望比别人表现好，害怕显得无能。自认为能力强的人就乐于展示自己的能力，而自认为能力差的人就变得习得性无助，因为他们不相信这个状况能够得到改善。

在对他人进行判断时，实体论者和渐变论者的认知遵循的模式也不相同。实体论者把道德和人格等属性看作稳定的特质，特别容易根据有限的行为信息对别人作出诸如“性格不好”或“品行不端”等的整体性判断，主张用惩罚的手段对待有不良行为的人；渐变论者则认为人的这些属性是变化发展的，他们会综合考虑可能影响行为的具体因素，不轻易对人下结论，主张对有不良行为的人实施教育和干预。

个体在兴趣内隐理论上持有不同的信念，会产生十分重要的个体差异。对兴趣持有实体论，会让人固守自己的兴趣领域，难以对兴趣范围之外的事物产生兴趣；对兴趣持有渐变论，会让人对各种事物保持开放的态度，愿意培养与当前兴趣不同的其他兴趣。另外，实体论者认为兴趣会让人产生无穷的动力，做自己感兴趣的事情不会觉得困难、乏味，如果感到困难、乏味，那么说明这件事不是自己的兴趣所在；渐变论者不认为兴趣会降低某件事情的难度，因而遇到挫折他们的热情也不会消退。因此，在兴趣上持实体论的人更可能出现“三分钟热度”的现象。

德韦克认为，内隐理论作为一种世界观或信念，在人格结构中介于基本特质和具体偏好之间。它与“大五”人格特质、自尊、受教育程度以及认知复杂性等基本人格变量都不相关。基本特质有深层的基础，极难改变；但信念没有那么顽固，它具有一定程度的波动性，每时每刻都在发生轻微的改变。内隐理论显然是可以改变的。研究者已经证实，有些程序可以让人的内隐理论发生比较稳定的变化。

参考文献

郭永玉，贺金波.(2011).*人格心理学*.北京：高等教育出版社.

李抗，杨文登.(2015).从归因疗法到内隐理念：德韦克的心理学理论体系及影响.*心理科学进展*，*23*(4)，621－631.

潘朝东.(2006).将灵性融入心理治疗.*中国心理卫生杂志*，*20*(8)，538－541.

王墨耘，傅小兰.(2003).内隐人格理论的实体论—渐变论维度研究述评.*心理科学进展*，*11*(2)，153－159.

尤瑾，郭永玉.(2007).“大五”与五因素模型：两种不同的人格结构.*心理科学进展*，*15*(1)，122－128.

曾晓青，刘建平，陈美荣.(2010).场独立—场依存型认知风格与内隐、外显记忆关系的实验研究.*心理科学*，(1)，138－140.

周蜀溪.(2013).社会支持与真实幸福感的关系：希望的中介作用.*中国临床心理学杂志*，*21*(3)，515－517.

Alarcon, G. M., Bowling, N. A., & Khazon, S. (2013). Great expectations: A meta-analytic examination of optimism and hope. *Personality and Individual Differences, 54* (7), 821－827.

Alessandri, G., Vecchione, M., Fagnani, C., Bentler, P. M., Barbaranelli, C., Medda, E., et al. (2010). Much more than model fitting? Evidence for the heritability of method effect associated with positively worded items of the life orientation test revised. *Structural Equation Modeling: A Multidisciplinary Journal, 17* (4), 642－653.

Allport, A. G. (1961). *Pattern and growth in personality*. New York, NY: Holt Rinehart & Winston.

Angeli, C. (2013). Examining the effects of field dependence-independence on learners' problem-solving performance and interaction with a computer modeling tool: Implications for the design of joint cognitive systems. *Computers and Education, 62*, 221－230.

Angeli, C., & Valanides, N. (2004). Examining the effects of text-only and text-and-visual instructional materials on the achievement of field-dependent and field-independent learners during problem-solving with modeling software. *Educational Technology Research and Development, 52* (4), 23 - 36.

Angeli, C., Valanides, N., & Kirschner, P. (2009). Field dependence-independence and instructional-design effects on learners' performance with a computer-modeling tool. *Computers in Human Behavior, 25* (6), 1355 - 1366.

Angeli, C., Valanides, N., Polemitou, E., & Fraggoulidou, E. (2016). An interaction effect between young children's field dependence-independence and order of learning with glass-box and black-box simulations: Evidence for the malleability of cognitive style in computer-supported learning. *Computers in Human Behavior, 61* (C), 569 - 583.

Baddeley, A. D., & Logie, R. H. (1999). Working memory: The multiple-component model. In A. Miyake & P. Shah (Eds.), *Models of working memory: Mechanisms of active maintenance and executive control* (pp. 28 - 61). New York: Cambridge University Press.

Bahçekapili, H. G., & Yilmaz, O. (2017). The relation between different types of religiosity and analytic cognitive style. *Personality and Individual Differences, 117*, 267 - 272.

Bandura, A. (1977). Self-efficacy: Toward a unifying theory of behavioral change. *Psychological Review, 84* (2), 191 - 215.

Bandura, A. (1989). Human agency in social cognitive theory. *American Psychologist, 44* (9), 1175 - 1184.

Bandura, A. (2006). Guide for constructing self-efficacy scales. *Self-efficacy Beliefs of Adolescents, 5* (1), 307 - 337.

Barbey, A. K., & Sloman, S. A. (2007). Base-rate respect: From ecological validity to dual processes. *Behavioral and Brain Sciences, 30*, 241 - 297.

Barr, N., Pennycook, G., Stolz, J. A., & Fugelsang, J. A. (2015a). The brain in your pocket: Evidence that smartphones are used to supplant thinking. *Computers in Human Behavior, 48*, 473 - 480.

Barr, N., Pennycook, G., Stolz, J. A., & Fugelsang, J. A. (2015b). Reasoned connections: A dual-process perspective on creative thought. *Thinking and Reasoning, 21*, 61 - 75.

Begelman, M. C. (2003). Evidence for black holes. *Science, 300*, 1898 - 1903.

Berry, J. W., & Goodenough, D. R. (1980). In memory of Herman A.

Witkin (1916—1979). *Article Information, 11* (1), 125 - 126.

Bethell-Fox, C. E., & Shepard, R. N. (1988). Mental rotation: Effects of stimulus complexity and familiarity. *Journal of Experimental Psychology: Human Perception and Performance, 14* (1), 12 - 23.

Blackwell, S. E., Rius-Ottenheim, N., Schulte-Van Maaren, Y. W. M., Carlier, I. V. E., Middelkoop, V. D., Zitman, F. G., et al. (2013). Optimism and mental imagery: A possible cognitive marker to promote well-being? *Psychiatry Research, 206* (1), 56 - 61.

Blake, J., & Norton, C. L. (2014). Examining the relationship between hope and attachment: A meta-analysis. *Psychology, 5* (6), 556 - 565.

Boehm, J. K., Williams, D. R., Rimm, E. B., Ryff, C., & Kubzansky, L. D. (2013). Association between optimism and serum antioxidants in the midlife in the united states study. *Psychosomatic Medicine, 75* (1), 2 - 10.

Boselie, J. J. L. M., Vancleef, L. M. G., Smeets, T., & Peters, M. L. (2014). Increasing optimism abolishes pain-induced impairments in executive task performance. *Pain, 155* (2), 334 - 340.

Bowlby, J. (1980). *Loss, sadness and depression* (Volume 3). New York, NY: Basic Books.

Britton, A. R., Sliter, M. T., & Jex, S. M. (2012). Is the glass really half-full? The reverse-buffering effect of optimism on undermining behavior. *Personality and Individual Differences, 52* (6), 712 - 717.

Brown, H. D. (2006). *Principles of language learning and teaching* (5th ed.). Pearson Education.

Brownlee, J., Schraw, G., & Berthelsen, D. (2012). *Personal epistemology and teacher education*. Routledge.

Burnette, J. L., & Finkel, E. J. (2012). Buffering against weight gain following dieting setbacks: An implicit theory intervention. *Journal of Experimental Social Psychology, 48*, 721 - 725.

Burnette, J. L., O'Boyle, E. H., Vanepps, E. M., Pollack, J. M., & Finkel, E. J. (2013). Mind-sets matter: A meta-analytic review of implicit theories and self-regulation. *Psychological Bulletin, 139* (3), 655 - 701.

Burns, M. O., & Seligman, M. E. (1989). Explanatory style across the life span: Evidence for stability over 52 years. *Journal of Personality and Social Psychology, 56* (3), 471 - 477.

Busseri, M. A., Malinowski, A., & Choma, B. L. (2013). Are optimists oriented uniquely toward the future? Investigating dispositional optimism from a temporally-expanded perspective. *Journal of Research in Personality, 47* (5), 533 - 538.

Carvajal, S. C. (2012). Global positive expectancies in adolescence and health-related behaviours: Longitudinal models of latent growth and cross-lagged effects. *Psychology and Health, 27* (8), 916 - 937.

Carver, C. S. (2004). Self-regulation of action and affect. In R. F. Baumeister & K. D. Vohs (Eds.), *Handbook of self-regulation: Research, theory, and applications* (pp. 13 - 39). New York, NY: Guilford Press.

Carver, C. S., & Scheier, M. F. (1990). Origins and functions of positive and negative affect: A control-process view. *Psychological Review, 97*, 19 - 35.

Carver, C. S., & Scheier, M. F. (1998). *On the self-regulation of behavior*. New York, NY: Cambridge University Press.

Carver, C. S., & Scheier, M. F. (2014). Dispositional optimism. *Trends in Cognitive Sciences, 18*(*6*), 293 - 299.

Casey, B., Uszynski, M., Hayes, S., Motl, R., Gallagher, S., & Coote, S. (2018). Do multiple sclerosis symptoms moderate the relationship between self-efficacy and physical activity in people with multiple sclerosis? *Rehabilitation Psychology, 63* (1), 104 - 110.

Chang, E. C., Jilani, Z., Fowler, E. E., Yu, T., Shao, W. C., Yu, E. A., et al. (2016). The relationship between multidimensional spirituality and depressive symptoms in college students: Examining hope agency and pathways as potential mediators. *Journal of Positive Psychology, 11* (2), 189 - 198.

Chiu, C., Dweck, C. S., Tong, J. Y., & Fu, J. H. (1997). Implicit theories and conceptions of morality. *Journal of Personality and Social Psychology, 73* (5), 923 - 940.

Chiu, C., Hong, Y. Y., & Dweck, C. S. (1997). Lay dispositionism and implicit theories of personality. *Journal of Personality and Social Psychology, 73* (1), 19 - 30.

Ciarrochi, J., Parker, P., Kashdan, T. B., Heaven, P. C. L., & Barkus, E. (2015). Hope and emotional well-being: A six-year study to distinguish antecedents, correlates, and consequences. *Journal of Positive Psychology, 10* (6), 520 - 532.

Coltheart, M., Langdon, R., & McKay, R. (2011). Delusional belief. *Annual Review of Psychology, 62*(*5*), 271 - 298.

Compas, B. E., Connor-Smith, J. K., Saltzman, H., Thomsen, A. H., & Wadsworth, M. E. (2001). Coping with stress during childhood and adolescence: Problems, progress, and potential in theory and research. *Psychological Bulletin, 127*, 87–127.

Corah, N. L. (1965). Differentiation in children and their parents. *Journal of Personality, 33* (2), 300–308.

Covey, S. (2009). The 90/10 principle. *English Salon, 3* (2), 89–113.

Day, L., Hanson, K., Maltby, J., Proctor, C., & Wood, A. (2010). Hope uniquely predicts objective academic achievement above intelligence, personality, and previous academic achievement. *Journal of Research in Personality, 44* (4), 550–553.

De Neys, W. (2006). Dual processing in reasoning: Two systems but one reasoner. *Psychological Science, 17* (5), 428–433.

De Neys, W. (2014). Conflict detection, dual processes, and logical intuitions: Some clarifications. *Thinking and Reasoning, 20* (2), 169–187.

Dulin, K. L. (1993). A study of the relationship between middle school-aged students? Tendency toward field-independence or field-dependence and their preference toward learning in a cooperative or a traditional classroom. *Dissertation Abstracts International, 54*(4A), 1215.

Dweck, C. S. (1975). The role of expectations and attributions in the alleviation of learned helplessness. *Journal of Personality and Social Psychology, 31* (4), 674–685.

Dweck, C. S. (2000). *Self-theories: Their role in motivation, personality, and development*. Philadelphia, PA: Psychology Press.

Dweck, C. S. (2008). Can personality be changed? The role of beliefs in personality and change. *Current Directions in Psychological Science, 17*, 391–394.

Dweck, C. S., Chiu, C., & Hong, Y. Y. (1995). Implicit theories and their role in judgments and reactions: A word from two perspectives. *Psychological Inquiry, 6* (4), 267–285.

Dweck, C. S., & Elliott, E. S. (1983). Achievement motivation. In P. H. Mussen & E. M. Hetherington (Eds.), *Handbook of child psychology* (Vol. IV, pp. 643–691). New York: Wiley.

Dweck, C. S., & Leggett, E. L. (1988). A social-cognitive approach to motivation and personality. *Psychological Review, 95* (2), 256–273.

Eisner, J. P. (2014). The origins of explanatory style: Trust as a determinant of optimism and pessimism. *Explanatory style* (pp. 59–66). Routledge.

Ekstrom, R. B., French, J. W., Harman, H. H., & Dermen, D. (1976). *Kit of factor-referenced cognitive tests*. Princeton, NJ: Educational Testing

Service.

Engelbrecht, P., & Natzel, S. G. (1997). Cultural variations in cognitive style: Field dependence vs. field independence. *School Psychology International, 18* (2), 155 - 164.

Epstein, S. (1994). An integration of the cognitive and psychodynamic unconscious. *American Psychologist, 49*, 709 - 724.

Epstein, S., Pacini, R., Denes-Raj, V., & Heier, H. (1996). Individual differences in intuitive-experiential and analytical-rational thinking styles. *Journal of Personality and Social Psychology, 71* (*2*), 390 - 405.

Erdley, C. A., & Dweck, C. S. (1993). Children's implicit personality theories as predictors of their social judgments. *Child Development, 64* (3), 863 - 878.

Erdley, C. A., Loomis, C. C., Cain, K. M., & Dumas-Hines, F. (1997). Relations among children's social goals, implicit personality theories, and responses to social failure. *Developmental Psychology, 33* (2), 263 - 272.

Erickson, R. C., Post, R., & Paige, A. (1975). Hope as a psychiatric variable. *Journal of Clinical Psychology, 31*, 324 - 329.

Evans, C., Richardson, J. T., & Waring, M. (2013). Field independence: Reviewing the evidence. *British Journal of Educational Psychology, 83* (2), 210 - 224.

Evans, J., & Curtis-Holmes, J. (2005). Rapid responding increases belief bias: Evidence for the dual-process theory of reasoning. *Thinking and Reasoning, 11* (4), 382 - 389.

Evans, J., & Stanovich, K. E. (2013). Dual-process theories of higher cognition: Advancing the debate. *Perspectives on Psychological Science, 8* (3), 223 - 241.

Evans, J. (2008). Dual-processing accounts of reasoning, judgment, and social cognition. *Annual Review of Psychology, 59*, 255 - 278.

Faterson, H. F., & Witkin, H. A. (1970). Longitudinal study of development of the body concept. *Developmental Psychology, 2* (3), 429 - 438.

Fowers, B. J., Lyons, E., Montel, K. H., & Shaked, N. (2001). Positive illusions about marriage among married and single individuals. *Journal of Family Psychology, 15* (1), 95 - 109.

Fritz, R. L. (1981). The role of field-dependence and field-independence in secondary school students? Re-enrollments in vocational education and their attitudes towards teachers and programs. *Dissertation Abstracts International, 42* (4A), 1607.

Gallagher, M. W., Marques, S. C., & Lopez, S. J. (2017). Hope and the academic trajectory of college students. *Journal of Happiness Studies, 18* (2), 341 - 352.

Garcia, P. R. J. M., Restubog, S. L. D., Bordia, P., Bordia, S., & Roxas, R. E. O. (2015). Career optimism: The roles of contextual support and career decision-making self-efficacy. *Journal of Vocational Behavior, 88*, 10 - 18.

Gardner, L. A., Vella, S. A., & Magee, C. A. (2015). The relationship between implicit beliefs, anxiety, and attributional style in high-level soccer players. *Journal of Applied Sport Psychology, 27* (4), 398 - 411.

Garvey, K., & Ford, T. G. (2014). Rationality, political orientation, and the individualizing and binding moral foundations. *Letters on Evolutionary Behavioral Science, 5*, 9 - 12.

Geers, A. L., Wellman, J. A., & Lassiter, G. D. (2009). Dispositional optimism and engagement: The moderating influence of goal prioritization. *Journal of Personality and Social Psychology, 96* (4), 913 - 932.

Geers, A. L., Wellman, J. A., Fowler, S. L., Helfer, S. G., & France, C. R. (2010). Dispositional optimism predicts placebo analgesia. *Journal of Pain, 11* (11), 1165 - 1171.

Geers, A. L., Wellman, J. A., Helfer, S. G., Fowler, S. L., & France, C. R. (2008). Dispositional optimism and thoughts of well-being determine sensitivity to an experimental pain task. *Annals of Behavioral Medicine, 36* (3), 304 - 313.

Gibson, B., & Sanbonmatsu, D. M. (2004). Optimism, pessimism, and gambling: The downside of optimism. *Personality and Social Psychology Bulletin, 30* (2), 149 - 160.

Gigerenzer, G. (2007). *Gut feelings*. London, England: Penguin.

Gillham, J. E., Shatté, A. J., Reivich, K. J., & Seligman, M. E. P. (2001). Optimism, pessimism, and explanatory style. In E. C. Chang (Ed.), *Optimism and pessimism: Implications for theory, research and practice* (pp.53-75). Washington, DC: American Psychological Association Press.

Glaesmer, H., Rief, W., Martin, A., Mewes, R., Brähler, E., Zenger, M., & Hinz, A. (2012). Psychometric properties and population-based norms of the Life Orientation Test Revised (LOT - R). *British Journal of Health Psychology, 17* (2), 432 - 445.

Goodin, B. R., Glover, T. L., Sotolongo, A., King, C. D., Sibille, K.

T., Herbert, M. S., et al. (2013). The association of greater dispositional optimism with less endogenous pain facilitation is indirectly transmitted through lower levels of pain catastrophizing. *The Journal of Pain, 14* (2), 126-135.

Goodin, B. R., Kronfli, T., King, C. D., Glover, T. L., & Fillingim, R. B. (2013). Testing the relation between dispositional optimism and conditioned pain modulation: Does ethnicity matter? *Journal of Behavioral Medicine, 36* (2), 165-174.

Gottschalk, L. A. (1974). A Hope Scale applicable to verbal samples. *Archives of General Psychiatry, 30*, 779-785.

Graham, J., Nosek, B. A., Haidt, J., Iyer, R., Koleva, S., & Ditto, P. H. (2011). Mapping the moral domain. *Journal of Personality and Social Psychology, 2*, 366-385.

Green, A. E., Fugelsang, J. A., Kraemer, D. J. M., Gray, J. R., & Dunbar, K. N. (2012). Neural correlates of creativity in analogical reasoning. *Journal of Experimental Psychology: Learning, Memory, and Cognition, 38*, 264-272.

Guilford, J. P. (1967). *The nature of human intelligence*. New York, NY: McGraw-Hill.

Gündoğdu, R., Yavuzer, Y., & Karataş, Z. (2018). Irrational beliefs in romantic relationships as the predictor of aggression in emerging adulthood. *Journal of Education and Training Studies, 6* (3), 108-115.

Haggblooom, S., Warnick, R., Warnick, J. E., Jones, V., Yarbrough, G. G., Russell, T., et al. (2002). The 100 most eminent psychologists of the 20th century. *Review of General Psychology, 6* (2), 139-152.

Halama, P., & Dědová, M. (2007). Meaning in life and hope as predictors of positive mental health: Do they explain residual variance not predicted by personality traits? *Studia Psychologica, 49* (3), 191-200.

Hanssen, M. M., Peters, M. L., Vlaeyen, J. W. S., Meevissen, Y. M. C., & Vancleef, L. M. G. (2013). Optimism lowers pain: Evidence of the causal status and underlying mechanisms. *Pain, 154* (1), 53-58.

Heinonen, K., Räikkönen, K., Matthews, K. A., Scheier, M. F., Raitakari, O. T., Pulkki, L., & Keltikangas-Järvinen, L. (2006). Socioeconomic status in childhood and adulthood: Associations with dispositional optimism and pessimism over a 21-year follow-up. *Journal of Personality, 74* (4), 1111-1126.

Henderson, V., & Dweck, C. S. (1990). Motivation and achievement. In S. S. Feldman & G. R. Elliott (Eds.), *At the threshold: The developing adolescent* (pp. 308 – 329). Cambridge, MA: Harvard University Press.

Heppner, P. P., & Hillerbrand, E. T. (1991). Problem-solving training implications for remedial and preventive training. In C. R. Snyder & D. R. Forsyth (Eds.), *Handbook of social and clinical psychology: The health perspective* (pp. 681 – 698). Elmsford, NY: Pergamon Press.

Hewitt, J. P. (1998). *The myth of self-esteem: Finding happiness and solving problems in America*. New York: St. Martins Press.

Hiroto, D. S. (1974). Locus of control and learned helplessness. *Journal of Experimental Psychology, 102* (2), 187 – 193.

Holmes, E. A., Coughtrey, A. E., & Connor, A. (2008). Looking at or through rose-tinted glasses? Imagery perspective and positive mood. *Emotion, 8* (6), 875 – 879.

Honicke, T., & Broadbent, J. (2016). The influence of academic self-efficacy on academic performance: A systematic review. *Educational Research Review, 17*, 63 – 84.

Hornby, G. S., & Kurtoglu, T. (2009). Toward a smarter Web. *Science, 325*, 277 – 278.

Houston, D. M. (1994). Gloomy but smarter: The academic consequences of attributional style. *British Journal of Social Psychology, 33* (4), 433 – 441.

Houston, D. M. (2016). Revisiting the relationship between attributional style and academic performance. *Journal of Applied Social Psychology, 46* (3), 192 – 200.

Hu, T., Zhang, D., & Yang, Z. (2015). The relationship between attributional style for negative outcomes and depression: A meta-analysis. *Journal of Social and Clinical Psychology, 34* (4), 304 – 321.

Indicated, N. (2011). Carol S. Dweck: Award for distinguished scientific contributions. *American Psychologist, 66* (8), 658 – 660.

Irving, L. M., Snyder, C. R., & Crowson, J. J. (1998). Hope and coping with cancer by college women. *Journal of Personality, 66* (2), 195 – 214.

Isen, A. M., & Daubman, K. A. (1984). The influence of affect on categorization. *Journal of Personality and Social Psychology, 47*, 1206 – 1217.

Jarosz, A. F., Colflesh, G. J. H., & Wiley, J. (2012). Uncorking the muse: Alcohol intoxication facilitates creative problem solving. *Consciousness and Cognition, 21*, 487 – 493.

Jung, K. R., Zhou, A. Q., & Lee, R. M. (2017). Self-efficacy, self-discipline and academic performance: Testing a context-specific mediation model. *Learning and Individual Differences, 60*, 33 - 39.

Kahneman, D. (2011). *Thinking fast and slow*. New York, NY: Farrar, Strauss, Giroux.

Kam, C., & Meyer, J. P. (2012). Do optimism and pessimism have different relationships with personality dimensions? A re-examination. *Personality and Individual Differences, 52* (2), 123 - 127.

Karademas, E. C., Kafetsios, K., & Sideridis, G. D. (2007). Optimism, self-efficacy and information processing of threat-and well-being-related stimuli. *Stress and Health, 23* (5), 285 - 294.

Karp, S. A., & Konstadt, N. L. (1971). *Children's Embedded Figures Test*. Princeton, NJ: Consulting Psychologists Press.

Kaufman, J. (1991). Depressive disorders in maltreated children. *Journal of the American Academy of Child and Adolescent Psychiatry, 30*, 257 - 265.

Kelberer, L. J. A., Kraines, M. A., & Wells, T. T. (2018). Optimism, hope, and attention for emotional stimuli. *Personality and Individual Differences, 124*, 84 - 90.

King, L. A. (2001). The health benefits of writing about life goals. *Personality and Social Psychology Bulletin, 27*, 798 - 807.

Klein, R. (2010). The future of literary criticism. *Proceedings of the Modern Language Association, 125*, 920 - 923.

Kline, R. B. (2005). *Principles and practices of structural equation modeling*. New York: Guilford.

Lazarus, R. S., & Folkman, S. (1984). *Stress, appraisal, and coping*. New York: Springer.

Lent, R. W., Ireland, G. W., Penn, L. T., Morris, T. R., & Sappington, R. (2017). Sources of self-efficacy and outcome expectations for career exploration and decision-making: A test of the social cognitive model of career self-management. *Journal of Vocational Behavior, 99*, 107 - 117.

Levy, S. R., & Dweck, C. S. (1999). The impact of children's static versus dynamic conceptions of people on stereotype formation. *Child Development, 70* (5), 1163 - 1180.

Levy, S. R., Plaks, J. E., & Dweck, C. S. (1999). Modes of social thought: Implicit theories and social understanding. In S. Chaiken & Y. Trope (Eds.), *Dual process theories in social psychology* (pp. 179 - 202). NY: Guilford Press.

Levy, S. R., Stroessner, S. J., & Dweck, C. S. (1998). Stereotype formation and endorsement: The role of implicit theories. *Journal of*

Personality and Social Psychology, 74 (6), 1421 - 1436.

Lopez, S. J., Ciarlelli, R., Coffman, L., Stone, M., & Wyatt, L. (2000). Diagnosing for strengths: On measuring hope building blocks. In C. R. Snyder(Ed.), *Handbook of hope: Theory, measure, and applications* (pp. 57 - 85). San Diego, CA: Academic Press.

Lopez, S. J., Floyd, R. K., Ulven, J. C., & Snyder, C. R. (2000). Hope therapy: Helping clients build a house of hope. In C. R. Snyder (Ed.), *Handbook of hope: Theory, measures, and applications* (pp. 123 - 150). San Diego, CA: Academic Press.

Luszczynska, A., Scholz, U., & Schwarzer, R. (2005). The general self-efficacy scale: Multicultural validation studies. *Journal of Psychology, 139* (5), 439 - 457.

MacDonald, K. B. (2008). Effortful control, explicit processing, and the regulation of human evolved predispositions. *Psychological Review, 115* (4), 1012 - 1031.

MacKinnon, A., Jorm, A. F., Christensen, H., Korten, A. E., Jacomb, P. A., & Rodgers, B. (1999). A short form of the Positive and Negative Affect Schedule: Evaluation of factorial validity and invariance across demographic variables in a community sample. *Personality and Individual Differences, 27*, 405 - 416.

MacLeod, A. K. (1996). Affect, emotional disorder, and future-directed thinking. *Cognition and Emotion, 10*, 69 - 86.

Maleva, V., Westcott, K., Mckellop, M., Mclaughlin, R., & Widman, D. (2014). Optimism and college grades: Predicting GPA from explanatory style. *Journal of Psychological Research, 19*(3), 129 - 135.

Marques, S. C., Lopez, S. J., & Pais-Ribeiro, J. L. (2011). "Building hope for the future": A program to foster strengths in middle-school students. *Journal of Happiness Studies, 12* (1), 139 - 152.

Marques, S. C., Pais-Ribeiro, J. L., & Lopez, S. J. (2011). The role of positive psychology constructs in predicting mental health and academic achievement in children and adolescents: A two-year longitudinal study. *Journal of Happiness Studies, 12* (6), 1049 - 1062.

Marshall, G. N. et al. (1992). Distinguishing optimism from pessimism: Relations to fundamental dimensions of mood and personality. *Journal of Personality and Social Psychology, 62*, 1067 - 1074.

Martin-Krumm, C. P., Sarrazin, P. G., Peterson, C., & Famose, J. P. (2003). Explanatory style and resilience after sports failure. *Personality and Individual Differences, 35* (7), 1685 - 1695.

McCrae, R. R., & Costa, P. T. (1997). Personality trait structure as a human universal. *Psychological Bulletin, 52*, 509 - 516.

McDermott, D., & Snyder, C. R. (1999). *Making hope happen: A workbook for turning possibilities into realities*. Oakland, CA: New Harbinger Press.

Mckenna, F. P. (1984). Measures of field dependence: Cognitive style or cognitive ability? *Journal of Personality and Social Psychology, 47* (3), 593 - 603.

Mednick, S. A. (1962). The associative basis of the creative process. *Psychological Review, 69*, 220 - 232.

Meevissen, Y. M. C., Peters, M. L., & Alberts, H. J. E. M. (2011). Become more optimistic by imagining a best possible self: Effects of a two week intervention. *Journal of Behavior Therapy and Experimental Psychiatry, 42* (3), 371 - 378.

Melges, R., & Bowlby, J. (1969). Types of hopelessness in psychopathological processes. *Archives of General Psychiatry, 20*, 690 - 699.

Menezes, M. C., Diez Roux, A. V., & Souza Lopes, A. C. (2018). Fruit and vegetable intake: Influence of perceived food environment and self-efficacy. *Appetite, 127*, 249 - 256.

Metis, S., & Cupach, W. R. (1990). The influence of relationship beliefs and problem-solving responses on satisfaction in romantic relationships. *Human Communication Research, 17*(1), 170 - 185.

Milinski, M., Semmann, D., & Krambeck, H. (2002). Reputation helps solve the "tragedy of the commons". *Nature, 415* (6870), 424 - 426.

Mischel, W., Shoda, W., & Smith, R. E. (2003). *Introduction to personality: Toward an integrative science of the person*. New York, NY: Wiley.

Miyake, A., Witzki, A. H., & Emerson, M. J. (2001). Field dependence-independence from a working memory perspective: A dual-task investigation of the hidden figures test. *Memory, 9* (4 - 6), 445 - 457.

Monzani, D., Steca, P., Greco, A., D'Addario, M., Pancani, L., & Cappelletti, E. (2015). Effective pursuit of personal goals: The fostering effect of dispositional optimism on goal commitment and goal progress. *Personality and Individual Differences, 82*, 203 - 214.

Moreno, P. I., Ramirez, A. G., San Miguel-Majors, S. L., Fox, R. S., Castillo, L., Gallion, K. J., ..., & Hollowell, C. (2018). Satisfaction with cancer care, self-efficacy, and health-related quality of life in Latino cancer survivors. *Cancer, 124* (8), 1770 - 1779.

Morgan, H. (1997). *Cognitive styles and classroom learning*. Westport, CT: Praeger Publishers.

Mosing, M. A., Zietsch, B. P., Shekar, S. N., Wright, M. J., & Martin, N. G. (2009). Genetic and environmental influences on optimism and its relationship to mental and self-rated health: A study of aging twins. *Behavior Genetics, 39* (6), 597 - 604.

Mueller, C. M., & Dweck, C. S. (1998). Praise for intelligence can undermine children's motivation and performance. *Journal of Personality and Social Psychology, 75* (1), 33 - 52.

Neff, L. A., & Geers, A. L. (2013). Optimistic expectations in early marriage: A resource or vulnerability for adaptive relationship functioning? *Journal of Personality and Social Psychology, 105*, 38 - 60.

Newell, B. R. (2015). "Wait! Just let me not think about that for a minute": What role do implicit processes play in higher-level cognition? *Current Directions in Psychological Science, 24*, 65 - 70.

Nusbaum, E. C., & Silvia, P. J. (2011). Are intelligence and creativity really so different? Fluid intelligence, executive processes, and strategy use in divergent thinking. *Intelligence, 39*, 36 - 45.

O'Keefe, P. A., Dweck, C. S., & Walton, G. M. (2018). Implicit theories of interest: Finding your passion or developing it? *Psychological Science, 29* (10), 1653 - 1664.

Oltman, P. K. (1968). A portable rod-and-frame apparatus. *Perceptual and Motor Skills, 26* (2), 503 - 506.

Onyekuru, B. U. (2015). Field dependence-field independence cognitive style, gender, career choice and academic achievement of secondary school students in Emohua Local Government Area of Rivers State. *Journal of Education and Practice, 6* (10), 76 - 85.

Orejudo, S., Puyuelo, M., Fernández-Turrado, T., & Ramos, T. (2012). Optimism in adolescence: A cross-sectional study of the influence of family and peer group variables on junior high school students. *Personality and Individual Differences, 52* (7), 812 - 817.

Otis, K. L., Huebner, E. S., & Hills, K. J. (2016). Origins of early adolescents' hope: Personality, parental attachment, and stressful life events. *Canadian Journal of School Psychology, 31* (2), 102 - 121.

Pacini, R., & Epstein, S. (1999). The relation of rational and experiential information processing styles to personality, basic beliefs, and the ratio-bias phenomenon. *Journal of Personality and Social Psychology, 76* (6),

972 – 987.

Pakarinen, A., Parisod, H., Smed, J., & Salanterä, S. (2017). Health game interventions to enhance physical activity self-efficacy of children: A quantitative systematic review. *Journal of Advanced Nursing, 73* (4), 794 – 811.

Pavlova, M. K., & Silbereisen, R. K. (2013). Dispositional optimism fosters opportunity-congruent coping with occupational uncertainty. *Journal of Personality, 81* (1), 76 – 86.

Pennycook, G., Cheyne, J. A., Barr, N., Koehler, D. J., & Fugelsang, J. A. (2014a). Cognitive style and religiosity: The role of conflict detection. *Memory and Cognition, 42* (1), 1 – 10.

Pennycook, G., Cheyne, J. A., Barr, N., Koehler, D. J., & Fugelsang, J. A. (2014b). The role of analytic thinking in moral judgements and values. *Thinking and Reasoning, 20*, 188 – 214.

Pennycook, G., Cheyne, J. A., Koehler, D. J., & Fugelsang, J. A. (2013). Belief bias during reasoning among religious believers and skeptics. *Psychonomic Bulletin and Review, 20*, 806 – 811.

Pennycook, G., Cheyne, J. A., Seli, P., Koehler, D. J., & Fugelsang, J. A. (2012). Analytic cognitive style predicts religious and paranormal belief. *Cognition, 123* (3), 335 – 346.

Pennycook, G., Fugelsang, J. A., & Koehler, D. J. (2015). Everyday consequences of analytic thinking. *Current Directions in Psychological Science, 24* (6), 425 – 432.

Pervin, L. A. (1996). *The science of personality*. New York, NY: Wiley.

Peters, M. L., Flink, I. K., Boersma, K., & Linton, S. J. (2010). Manipulating optimism: Can imagining a best possible self be used to increase positive future expectancies? *The Journal of Positive Psychology, 5* (3), 204 – 211.

Peters, M. L., Vieler, J. S. E., & Lautenbacher, S. (2016). Dispositional and induced optimism lead to attentional preference for faces displaying positive emotions: An eye-tracker study. *Journal of Positive Psychology, 11* (3), 258 – 269.

Peterson, C., & Seligman, M. E. (1984). Causal explanations as a risk factor for depression: Theory and evidence. *Psychological Review, 91* (3), 347 – 374.

Peterson, C., Berres, B. A., & Seligman, M. E. P. (1985). Depressive symptoms and unprompted causal attributions: Content analysis. *Behaviour Research and Therapy, 23* (4), 379 – 382.

Peterson, C., Luborsky, L., & Seligman, M. E. (1983). Attributions and depressive mood shifts: A case study using the symptom-context method. *Journal of Abnormal Psychology, 92* (1), 96 - 103.

Peterson, C., Seligman, M. E., & Vaillant, G. E. (1988). Pessimistic explanatory style is a risk factor for physical illness: A thirty-five-year longitudinal study. *Journal of Personality and Social Psychology, 55* (1), 23 - 27.

Peterson, C., Semmel, A., Baeyer, C., Abramson, L. Y., Metalsky, G. I., & Seligman, M. E. P. (1982). The attributional style questionnaire. *Cognitive Therapy and Research, 6* (3), 287 - 299.

Rand, D. G., Greene, J. D., & Nowak, M. A. (2012). Spontaneous giving and calculated greed. *Nature, 489*, 427 - 430.

Rand, K. L., Martin, A. D., & Shea, A. M. (2011). Hope, but not optimism, predicts academic performance of law students beyond previous academic achievement. *Journal of Research in Personality, 45* (6), 683 - 686.

Rauch, W. A., Schweizer, K., & Moosbrugger, H. (2008). An IRT analysis of the personal optimism scale. *European Journal of Psychological Assessment, 24* (1), 49 - 56.

Riggio, H. R., Weiser, D. A., Valenzuela, A. M., Lui, P. P., Montes, R., & Heuer, J. (2013). Self-efficacy in romantic relationships: Prediction of relationship attitudes and outcomes. *The Journal of Social Psychology, 153* (6), 629 - 650.

Rittschof, K. A. (2010). Field dependence-independence as visuospatial and executive functioning in working memory: Implications for instructional systems design and research. *Educational Technology Research and Development, 58* (1), 99 - 114.

Robins, R. W. (2005). The nature of personality: Genes, culture, and national character. *Science, 310*, 62 - 63.

Rohde, J. F., Benjamin, B., Daniel, B., Hansson, L. M., Peder, F., & Mortensen, E. L., et al. (2018). Cross-sectional associations between maternal self-efficacy and dietary intake and physical activity in four-year-old children of first-time Swedish mothers. *Appetite, 125*, 131 - 138.

Ross, R. M., Hartig, B., & McKay, R. (2017). Analytic cognitive style predicts paranormal explanations of anomalous experiences but not the experiences themselves: Implications for cognitive theories of delusions. *Journal of Behavior Therapy and Experimental Psychiatry, 56*, 90 - 96.

Roth, S., & Cohen, L. J. (1986). Approach, avoidance, and coping with stress. *American Psychologist, 41*, 813 - 819.

Royzman, E. B., Landy, J. F., & Goodwin, G. P. (2014). Are good reasoners more incest-friendly? Trait cognitive reflection predicts selective moralization in a sample of American adults. *Judgment and Decision Making, 9*, 176 - 190.

Saphire-Bernstein, S., Way, B. M., Kim, H. S., Sherman, D. K., & Taylor, S. E. (2011). Oxytocin receptor gene (oxtr) is related to psychological resources. *Proceedings of the National Academy of Sciences, 108*(37), 15118 - 15122.

Saribay, S. A., & Yilmaz, O. (2017). Analytic cognitive style and cognitive ability differentially predict religiosity and social conservatism. *Personality and Individual Differences, 114*, 24 - 29.

Satterfield, J. M., Monahan, J., & Seligman, M. E. (1997). Law school performance predicted by explanatory style. *Behavioral Sciences and the Law, 15* (1), 95 - 105.

Scheier, M. F., & Carver, C. S. (1987). Dispositional optimism and physical well-being: The influence of generalized outcome expectancies. *Journal of Personality, 55*, 169 - 210.

Scheier, M. F., & Carver, C. S. (1985). Optimism, coping, and health: Assessment and implication of generalized outcome expectancies. *Health Psychology, 4*, 219 - 247.

Scheier, M. F., Carver, C. S., & Bridges, M. W. (1994). Distinguishing optimism from neuroticism (and trait anxiety, self-mastery, and self-esteem): A reevaluation of the Life Orientation Test. *Journal of Personality and Social Psychology, 67*, 1063 - 1078.

Schöber, C., Schütte, K., Köller, O., McElvany, N., & Gebauer, M. M. (2018). Reciprocal effects between self-efficacy and achievement in mathematics and reading. *Learning and individual Differences, 63*, 1 - 11.

Schulman, P., Keith, D., & Seligman, M. E. P. (1991). Is optimism heritable? A study of twins. *Behavior Research and Therapy, 31*, 569 - 574.

Schwartz, L. M., Woloshin, S., Black, W. C., & Welch, H. G. (1997). The role of numeracy in understanding the benefit of screening mammography. *Annals of Internal Medicine, 127* (11), 966 - 972.

Schwarzer, R. (1992). *Self-efficacy: Thought control of action*. USA: Taylor & Francis.

Schwarzer, R., & Jerusalem, M. (1995). Generalized Self-Efficacy Scale. In

J. Weinman, S. Wright, & M. Johnston (Eds.), *Measures in health psychology: A user's portfolio. Causal and control beliefs* (pp. 35 - 37). Windsor, England: Nfer-Nelson.

Segerstrom, S. C. (2007). Optimism and resources: Effects on each other and on health over 10 years. *Journal of Research in Personality, 41* (4), 772 - 786.

Segerstrom, S. C., & Nes, L. S. (2006). When goals conflict but people prosper: The case of dispositional optimism. *Journal of Research in Personality, 40* (5), 675 - 693.

Segerstrom, S. C., Evans, D. R., & Eisenlohr-Moul, T. A. (2011). Optimism and pessimism dimensions in the Life Orientation Test-Revised: Method and meaning. *Journal of Research in Personality, 45* (1), 126 - 129.

Seligman, M. E. P. (1998). *Learned optimism: How to change your mind and your life*. New York, NY: Pocket Books.

Seligman, M. E. P., Kaslow, N. J., Alloy, L. B., Peterson, C., Tanenbaum, R. L., & Abramson, L. Y. (1984). Attributional style and depressive symptoms among children. *Journal of Abnormal Psychology, 93* (2), 235 - 238.

Seligman, M. E. P., Reivich, K. J., Jaycox, L. H., & Gillham, J. (1995). *The optimistic child*. New York, NY: Houghton-Mifflin.

Seligman, M. E., & Maier, S. F. (1967). Failure to escape traumatic shock. *Journal of Experimental Psychology, 74* (1), 1 - 9.

Seligman, M. E., Castellon, C., Cacciola, J., Schulman, P., Luborsky, L., & Ollove, M., et al. (1988). Explanatory style change during cognitive therapy for unipolar depression. *Journal of Abnormal Psychology, 97* (1), 13 - 18.

Shapcott, E. J., Bloom, G. A., Johnston, K. M., Loughead, T. M., & Delaney, J. S. (2007). The effects of explanatory style on concussion outcomes in sport. *Neurorehabilitation, 22* (3), 161 - 167.

Sharpe, J. et al. (2011). Optimism and the big five factors of personality: Beyond neuroticism and extraversion. *Personality and Individual Differences, 51*, 946 - 951.

Shoda, Y., & Mischel, W. (1993). Cognitive social approach to dispositional inferences: What if the perceiver is a cognitive social theorist? *Personality and Social Psychology Bulletin, 19* (5), 574 - 585.

Shorey, H. S., Snyder, C. R., Rand, K. L., Hockemeyer, J. R., & Feldman, D. B. (2002). Somewhere over the rainbow: Hope theory weathers its first decade. *Psychological Inquiry, 13*, 322－331.

Skaalvik, E. M., & Skaalvik, S. (2014). Teacher self-efficacy and perceived autonomy: Relations with teacher engagement, job satisfaction, and emotional exhaustion. *Psychological Reports, 114* (1), 68－77.

Smith, T. W. et al. (2013). Optimism and pessimism in social context: An interpersonal perspective on resilience and risk. *Journal of Research in Personality, 47* (5), 553－562.

Snyder, C. R. (2005). *Measuring hope in children: What do children need to flourish?* US: Springer.

Snyder, C. R., Harris, C., Anderson, J. R., Holleran, S. A., & Al, E. (1991). The will and the ways: Development and validation of an individual-differences measure of hope. *Journal of Personality and Social Psychology, 60* (4), 570－585.

Snyder, C. R., Hoza, B., Pelham, W. E., Rapoff, M., Ware, L., Danovsky, M., et al. (1997). The development and validation of the children's hope scale. *Journal of Pediatric Psychology, 22* (3), 399－421.

Snyder, C. R., Ilardi, S. S., Cheavens, J., Michael, S. T., Yamhure, L., & Sympson, S. (2000). The role of hope in cognitive-behavior therapies. *Cognitive Therapy and Research, 24* (6), 747－762.

Snyder, C. R., Sympson, S. C., Ybasco, F. C., Borders, T. F., Babyak, M. A., & Higgins, R. L. (1996). Development and validation of the state hope scale. *Journal of Personality and Social Psychology, 70* (2), 321－335.

Solberg Nes, L., & Segerstrom, S. C. (2006). Dispositional optimism and coping: A meta-analytic review. *Personality and Social Psychology Review, 10*, 235－251.

Solberg Nes, L., Evans, D. R., & Segerstrom, S. C. (2009). Optimism and college retention: Mediation by motivation, performance, and adjustment 1. *Journal of Applied Social Psychology, 39* (8), 1887－1912.

Sprecher, S., & Metts, S. (1989). Development of the romantic beliefs scale and examination of the effects of gender and gender-role orientation. *Journal of Social and Personal Relationships, 6* (4), 387－411.

Sprecher, S., & Metts, S. (1999). Romantic beliefs: Their influence on relationships and patterns of change over time. *Journal of Social and Personal Relationships, 16* (6), 834－851.

Stanovich, K. E., & Toplak, M. E. (2012). Defining features versus incidental correlates of type 1 and type 2 processing. *Mind and Society, 11* (1), 3－13.

Sternberg, R. J. (1997). *Thinking styles*. Cambridge, UK: Cambridge University Press.

Swami, V., & Furnham, A. (2014). Political paranoia and conspiracy theories. In J. P. Prooijen & P. A. M. van Lange (Eds.), *Power politics, and paranoia: Why people are suspicious of their leaders* (pp. 218-236). Cambridge, UK: Cambridge University Press.

Swami, V., Voracek, M., Stieger, S., Tran, U. S., & Furnham, A. (2014). Analytic thinking reduces belief in conspiracy theories. *Cognition, 133*, 572-585.

Talsma, K., Schüz, B., Schwarzer, R., & Norris, K. (2018). I believe, therefore i achieve (and vice versa): A meta-analytic cross-lagged panel analysis of self-efficacy and academic performance. *Learning and Individual Differences, 61*, 136-150.

Tindle, H. A., Chang, Y. F., Kuller, L. H., Manson, J. E., Robinson, J. G., Rosal, M. C., et al. (2009). Optimism, cynical hostility, and incident coronary heart disease and mortality in the women's health initiative. *Circulation, 120* (8), 656-662.

Trémolière, B., & Djeriouat, H. (2019). Love is not exactly blind, at least for some people: Analytic cognitive style predicts romantic beliefs. *Personality and Individual Differences, 145*, 119-131.

Valle, M. F., Huebner, E. S., & Suldo, S. M. (2006). An analysis of hope as a psychological strength. *Journal of School Psychology, 44* (5), 393-406.

Villavicencio, F. T., & Bernardo, A. B. (2013). Negative emotions moderate the relationship between self-efficacy and achievement of Filipino students. *Psychological Studies, 58* (3), 225-232.

Vollmann, M., Antoniw, K., Hartung, F. M., & Renner, B. (2011). Social support as mediator of the stress buffering effect of optimism: The importance of differentiating the recipients' and providers' perspective. *European Journal of Personality, 25* (2), 146-154.

Warner, L. M., Stadler, G., Lüscher, J., Knoll, N., Ochsner, S., Hornung, R., & Scholz, U. (2018). Day-to-day mastery and self-efficacy changes during a smoking quit attempt: Two studies. *British Journal of Health Psychology, 23* (2), 371-386.

Webb, J. R., Toussaint, L., & Dula, C. S. (2014). Ritualistic, theistic, and existential spirituality: Initial psychometric qualities of the rite measure of spirituality. *Journal of Religion and Health, 53* (4), 972-985.

Weiner, B. (1985). An attributional theory of achievement motivation and emotion. *Psychological Review, 92* (4), 548 - 573.

Weiner, B., & Handel, S. (1985). Anticipated emotional consequences of causal communications and reported communication strategy. *Developmental Psychology, 21*, 102 - 107.

Weiser, D. A., & Weigel, D. J. (2016). Self-efficacy in romantic relationships: Direct and indirect effects on relationship maintenance and satisfaction. *Personality and Individual Differences, 89*, 152 - 156.

Wiley, J., & Jarosz, A. (2012). Working memory capacity, attentional focus, and problem solving. *Current Directions in Psychological Science, 21*, 258 - 262.

Witkin, H. A. (1967). A cognitive-style approach to cross-cultural research. *International Journal of Psychology, 2* (4), 233 - 250.

Witkin, H. A., & Berry, J. W. (1975). Psychological differentiation in cross-cultural perspective. *ETS Research Bulletin Series,* (1), i - 100.

Witkin, H. A., & Goodenough, D. R. (1977). *Field dependence revisited*. Princeton, NJ: Educational Testing Service.

Witkin, H. A., Goodenough, D. R., & Karp, S. A. (1967). Stability of cognitive style from childhood to young adulthood. *Journal of Personality and Social Psychology, 7* (3), 291 - 300.

Witkin, H. A., Lewis, H. B., Hertzman, M., Machover, K., Meissner, P. B., & Wapner, S. (1954). Personality through perception: An experimental and clinical study. *Quarterly Review of Biology, 53* (4), 181 - 184.

Witkin, H. A., Moore, C. A., Goodenough, D. R., & Cox, P. W. (1977). Field-dependent and field-independent cognitive styles and their educational implications. *Review of Educational Research, 47*, 1 - 64.

Witkin, H. A., Moore, C. A., Oltman. P. K., Goodenough, D. R., Friedman, F., Owen, D. R., & Raskin, E. (1977). Role of the field-dependent and field-independent cognitive styles in academic evolution: A longitudinal study. *Journal of Educational Psychology, 69*, 197 - 211.

Witkin, H. A., Oltman, P. K., Raskin, E., & Karp, S. A. (1971). *Manual for embedded figures test, children's embedded figures test, and group embedded figures test*. Palo Alto, CA: Consulting Psychologists Press, Inc.

Yeager, D. S., Johnson, R., Spitzer, B. J., Trzesniewski, K. H., & Dweck, C. S. (2014). The far-reaching effects of believing people can change: Implicit theories of personality shape stress, health, and achievement during adolescence. *Journal of Personality and Social*

Psychology, 106 (6), 867 - 884.

Yu, J. J., & Ko, Y. K. (2013). Paternal family expressiveness as a mediator between father's dispositional optimism and child's dispositional optimism. *Journal of Genetic Psychology, 174* (6), 677 - 695.

Zander, L., Brouwer, J., Jansen, E., Crayen, C., & Hannover, B. (2018). Academic self-efficacy, growth mindsets, and university students' integration in academic and social support networks. *Learning and Individual Differences, 62*, 98 - 107.

Zaslavsky, O., Palgi, Y., Rillamassun, E., Lacroix, A. Z., Schnall, E., Woods, N. F., et al. (2015). Dispositional optimism and terminal decline in global quality of life. *Developmental Psychology, 51* (6), 856 - 863.

Zhang, L. (2004). Field-dependence/independence: Cognitive style or perceptual ability? Validating against thinking styles and academic achievement. *Personality and Individual Differences, 37* (6), 1295 - 1311.

Zhang, L. F. (2013). *The malleability of intellectual styles*. Cambridge, UK: Cambridge University Press.

Zhu, A. Q., Kivork, C., Vu, L., Chivukula, M., Piechniczek-Buczek, J., Qiu, W. Q., et al. (2017). The association between hope and mortality in homebound elders. *International Journal of Geriatric Psychiatry, 32* (12), e150 - e156.

图书在版编目（CIP）数据

认知风格与生活 / 李琼，黄端著. — 上海：上海教育出版社，2021.7
（人格心理研究丛书 / 郭永玉主编）
ISBN 978-7-5720-0970-9

Ⅰ. ①认… Ⅱ. ①李… ②黄… Ⅲ. ①人格心理学 - 研究 Ⅳ. ①B848.9

中国版本图书馆CIP数据核字(2021)第126650号

责任编辑　徐凤娇
书籍设计　陆　弦

人格心理研究丛书
郭永玉　主编
Renzhi Fengge Yu Shenghuo
认知风格与生活
李　琼　黄　端　著

出版发行　上海教育出版社有限公司
官　　网　www.seph.com.cn
地　　址　上海市永福路123号
邮　　编　200031
印　　刷　上海展强印刷有限公司
开　　本　640 × 965　1/16　印张 12.75
字　　数　166 千字
版　　次　2021年7月第1版
印　　次　2021年7月第1次印刷
书　　号　ISBN 978-7-5720-0970-9/B·0027
定　　价　45.00 元

如发现质量问题，读者可向本社调换　电话：021-64377165